苹果 有袋栽培 关键技术集成

迟　斌　高文胜　主编

中国农业出版社

主　　编　迟　斌　高文胜

副 主 编　李林光　秦　旭　郭成武

参　　编　(以姓名笔画为序)

　　　　　王　敏　王景周　吴　鹏

　　　　　赵卫东　高建波　蒋德新

中国是世界第一苹果生产大国，苹果栽培面积和产量均居世界首位。2010年全国苹果栽培面积、产量分别达到2 139.9千公顷和3 326.3万吨，分别占水果栽培总面积、总产量的18.5%和25.9%，占世界苹果栽培总面积和总产量的1/3以上。苹果已成为我国北方一些主产区农村经济的支柱产业之一和最具出口竞争力的农产品之一，在推进农业结构调整、增加农民收入和促进出口创汇等方面发挥着重要作用。

果实套袋是随着国内外市场对绿色食品（果品）及无公害食品（果品）越来越大的市场需求，于20世纪90年代开始推广应用，并在短短十多年的时间迅速发展起来的。因其具有促进着色、改善果面光洁度、降低农药残留等显著优点，套袋技术已成为生产无公害优质高档苹果的核心技术和关键技术措施之一，有力扩大了我国苹果的出口。为此，农业部于2005年开始设立了苹果套袋关键技术示范补贴项目，以进一步促进优质育果袋及关键技术的推广应用，扩大苹果出口。但长期以来，大多果树工作者试验、研究和推广的均为单一套袋技术，主要集中在套（除）袋时期及方法等方面；然而，果品套袋已由部分果实套袋逐渐推广为全树、全园果实套袋，由此带来的是包括整形修剪、土肥水管理、病虫害防治等在内的整个栽培体系的变化，仅仅单一套袋栽培技术已不能适应套袋果园综合管理的要求，因此本书在套袋技术的基础上提出有袋栽培关键技术，并加以创新集成。

本书以指导苹果有袋栽培安全生产、提高苹果优质和高档果率为宗旨，突出安全生产的新成果、新技术与传统经验和常规技术的有机结合。针对生产实际和读者需要，系统介绍了苹果有袋栽培生产中的生产条件、套袋操作、高效土肥水管理、树体调控、花果管理和无害化病虫综合防治等关键技术，并配以图片。全书以安全生产技术为主线，内容新颖，图文并茂，重点突出，技术先进，科学实用，浅显易懂，适合从事苹果安全生产技术推广的科技人员和广大果农及果树爱好者阅读参考。

在编写过程中，山东凯祥制袋有限公司的孟祥宁先生、青岛小林制袋有限公司的刘一飞先生、山东省果树研究所的李芳东博士等提供相关照片，同时借鉴了多位同行的文章、书籍和照片，在此一并表示感谢！

感谢中国农业出版社舒薇老师、郭科编辑的辛勤劳动，使本书得以顺利出版！

由于水平和时间所限，书中多有缺点和不足之处，敬请广大读者批评指正！

编者电子信箱：gaowensheng@sina.com

编　者

2013年5月

目录
MULU

第一章

概　　述

苹果是仅次于柑橘、香蕉和葡萄的世界第四大果品。苹果具有品种繁多、生态适应性强、营养价值高、耐贮运性好和供应周期长等特点，世界上相当多的国家都将其列为主要消费品而大力发展，在农产品国际贸易中占据着重要地位。我国作为世界上最大的苹果生产国，苹果生产已成为部分产区的支柱产业之一和我国最具出口竞争力的农产品之一（图1-1），有力促进了农民的增收致富和社会主义新农村的建设。

图1-1　优质苹果出口基地

一、我国苹果生产现状

我国是世界第一苹果生产大国，苹果栽培面积和产量均居世界首位，是我国农产品入世后为数不多的具有明显国际竞争力的产品之一。2010年全国苹果栽培面积、产量分别达到2 139.9千公顷和3 326.3万吨，分别占水果栽培总面积、总产量的18.5%和25.9%，约占世界苹果栽培总面积和总产量的1/3以上。苹果已成为我国北方一些主产区农村经济的支柱产业之一，在推进农业结构调整、增加农民收入及促进出口创汇等方面发挥着重要作用。

（一）栽培现状

1. 产量稳步增长，质量不断提高　1978年以来，我国苹果生产得到了较快速度的发展（图1-2），其间经历了两个发展高峰，即1985—1989年和1991—1996年，第一阶段我国苹果面积从865.4千公顷上升到1 689.9千公顷；第二个阶段是苹果业飞速发展的阶段，苹果栽培面积从1 661.6千公顷上升到2 986.9千公顷，平均年增长12.4%。1997年后苹果生产进入调整阶段，非适宜区和适宜区内的老劣品种以及管理技术落后、经济效益低下地区的苹果栽培面积大幅度减少，优生区及经济效益较高的地区苹果稳定发展。苹果生产已由数量扩展型向质量效益型转变，栽培面积渐趋合理。苹果总产量稳步增长，2009年达3 168.1万吨，比1978年增加13.9倍；单产达15 460.7千克/公顷，提高4.7倍。单位面积产量在一定情况下代表生产水平，国外苹果生产先进国家每公顷产量多在20吨以上，其中新西兰、意大利、荷兰、巴西和法国等国家苹果的平均单产均在30吨/公顷左右，而我国单产水平（图1-3）近5年来平均为12.7吨/公顷，已和世界平均水平持平。在产量增加和单产提高的同时，适应市场需求的变化和栽培技术的提高，苹果质量逐步改善，到2010年，全国苹果优质果率（图1-4）达65%左右，优质示范园区的优质果率达到75%以上，为逐步提高我国苹果的整体质量和国际市场竞争力奠定了良好的基础。

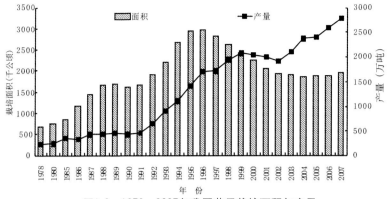

图1-2　1978—2007年我国苹果栽培面积与产量

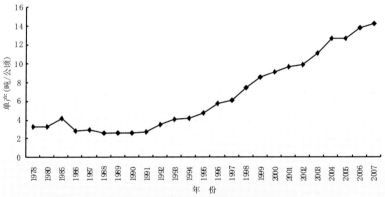

图1-3　1978—2007年我国苹果单产

图1-4　优质苹果

2. **区域逐步集中，结构明显改善**　目前我国共有25个省（自治区、直辖市）生产苹果，但苹果产区主要集中在渤海湾（山东、辽宁、天津、北京、河北）、西北黄土高原（陕西、山西、甘肃、青海、宁夏）、黄河故道（河南、江苏、安徽）和西南冷凉高地（云南、四川等）四大产区。2002年农业部制定了苹果优势区域发展规划（图1-5），把渤海湾产区和西北黄土高原产区作为我国苹果发展的优势区域重点建设，以形成我国苹果生产的核心区域及产业带，充分发挥区域比较优势，提高我国苹果产业的整体水平。确定的重点区域包括山东胶东半岛、泰沂山区，陕西渭北地区，山西晋中、晋南地区，河南三门峡地区，甘肃陇东地区，辽宁辽西、辽南地区及河北秦皇岛地区。其中位于渤海湾和西北黄土高原两大苹果优势产区的山东、辽宁、河北、陕西、山西和河南6省2010年的栽培面积和产量分别占到全国栽培总面积的75%和总产量的85%以上。

我国是苹果属植物的发源地之一，种质资源特别是砧木和小苹果资源极为丰富；但栽培大苹果只有100多年的历史，多数品种从国外

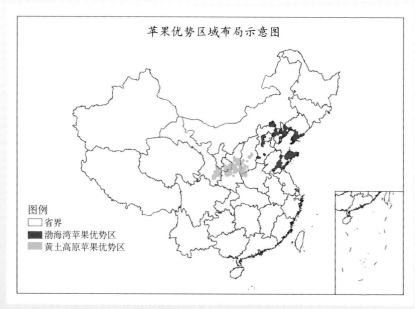

图1-5　苹果优势区域分布图

引进，特别是自20世纪80年代以富士苹果引进为标志，开始了我国苹果品种的优新品种引进和更新换代历程。经过近30年的广泛选种、引种及试验、推广，全国苹果品种结构逐渐改善，良种比例大幅度提高。目前全国苹果优良品种（图1-6）的比例达80%以上，红富士、元帅系、金冠、乔纳金、嘎拉和其他优良品种得到快速发展（图1-7）。

图1-6　优良品种红富士

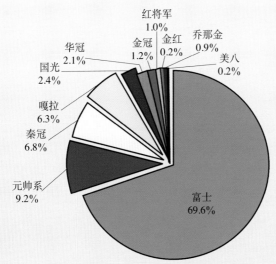

图1-7　我国苹果品种构成

3．**产后明显加强，附加值较大增长**　近年来，我国苹果商品化处理发展较快，目前全国已有洗果、打蜡、分级、包装生产线50多条（图1-8），使优选果率不断提高；20世纪70年代全国苹果冷藏量不足10万吨，目前已达846万吨，占苹果总产量的25％左右。近10年来，我国苹果加工业取得了较快发展，加工水平不断提高，加工布局趋于合理，呈现较好的发展趋势。浓缩苹果汁是我国最主要的苹果加工产品，占苹果加工总量的90％以上（图1-9）。国投中鲁果汁股份有限公司、烟台北方安德利果汁股份有限公司、中国海升果汁控股有限公司等果汁龙头企业，引进国外先进的加工设备和工艺（图1-10），生产

图1-8　苹果产后处理流水线

图1-9　浓缩果汁生产原料车间

图1-10 浓缩果汁生产车间

的产品主要面向欧洲、美国、澳大利亚和日本等国家和地区出口，在经过了世纪之交短暂几年的波折后，受国际市场价格回升的刺激，近几年我国浓缩苹果汁生产规模快速扩张。其他苹果加工产品还包括苹果酒、苹果醋、苹果脆片和功能性苹果饮料等。目前全国苹果加工量800多万吨，占苹果总产量的24%左右。

4.产业化水平不断提高，贸易持续增长 随着产业化水平的逐步提高，形成了一大批苹果生产、销售及加工龙头企业，对促进苹果产业化的发展发挥了重要作用。如山东鑫园工贸有限公司、西安华圣果业有限公司等。近年来，我国苹果出口量呈现持续增长趋势。2010年出口鲜苹果（图1-11）突破112.3万吨，创汇7.12亿美元。在20多个

图1-11 出口的高档果

苹果出口省(自治区、直辖市)中,山东、陕西和辽宁位居前列。目前我国鲜苹果主要出口市场是俄罗斯和东南亚国家,占我国苹果总出口量的70%左右,俄罗斯和越南已成为进口我国苹果最多的国家;另外我国苹果出口到欧盟、美洲和中东等地区的数量在逐渐增加(图1-12)。

图1-12 我国苹果主要出口区域

5.主要问题 虽然我国苹果产业已有很大发展,但与入世后国内外市场需求和农业发展新阶段的要求相比,还存在不少问题。主要包括:生产布局和品种结构有待进一步优化,良种苗木繁育体系不健全,果园整体管理技术水平偏低,采后环节薄弱,产业化体系薄弱、营销体系不健全等方面。

(二)我国苹果竞争力分析

尽管我国苹果产业发展还存在一些问题,但与其他苹果生产国相比,仍具有明显的竞争优势,主要表现在以下4个方面。

1.规模优势 我国是世界苹果生产大国,苹果产量占世界总产量的40%以上,可以说,世界苹果生产的中心在中国。随着我国新发展果园逐渐进入盛果期,苹果产量在世界总产量中的比重还将提高。随着农村结构的进一步调整,我国的苹果生产将进一步向优势产区集中,非适宜区和次适宜区的栽培面积和产量将继续减少。但随着优势

图1-13　我国规模苹果生产基地

区域内苹果单产的逐渐提高，我国苹果产量仍将有所增加，苹果总量的规模优势（图1-13）将进一步影响世界苹果生产格局，对欧美发达国家苹果生产的压力进一步增加。同时，随着我国苹果加工业规模的逐渐扩大，苹果产业在国际市场上将具有更大的规模优势。

　　2.**资源优势**　我国西北黄土高原和渤海湾地区是世界上最大的苹果适宜产区（图1-14），年均温度8.5～13℃，年降水量500～800毫

图1-14　适宜地区苹果园

米，年日照时数2 200小时以上，着色期日照率在50%以上。除了降水多数分布在6~8月外，气候条件与美国、新西兰、法国等国家的著名苹果产区相近。尤其是西北黄土高原海拔高、光照充足、昼夜温差大，具有生产优质高档苹果的生态条件。另外，我国选育和引进的品种有近700个，各国主栽品种在我国几乎都有栽培，能够针对国内外市场，生产出适销对路的苹果。

3. **价格优势**　我国苹果的竞争对手主要是美国、欧盟、新西兰、日本等发达国家和地区。由于苹果属于劳动密集型产业，生产优质苹果需要大量的人工投入，如套袋、采收等。与这些国家、地区相比，我国苹果生产成本相对较低，仍具有较明显的价格优势。另外，由于我国苹果加工原料价格低，以苹果浓缩果汁为主的加工品也具有明显的出口价格优势。

4. **区位优势**　我国与俄罗斯和东南亚国家毗邻，交通便捷，地缘优势突出。东南亚国家均不产苹果，年苹果进口量在100万吨左右，这一地区是我国苹果的传统出口市场。俄罗斯年苹果进口量为70万吨左右，我国北方产区每年都通过边贸形式向该国出口大量苹果。

二、国内外套袋技术发展和有袋栽培的提出

苹果套袋是一项提高商品外观质量的配套技术，20世纪末开始广泛应用于苹果等果树的优质果生产上，目前已形成了较为完整的套袋综合技术；但套袋仅仅是一个技术环节，该技术环节与其相配套的综合技术集成，形成有袋栽培体系，才能更有利于促进优质高档果的生产。

（一）国外套袋技术发展

在国外，日本是最早开始进行套袋栽培的国家。1912年开始，日本果农为防止桃小食心虫对果实的为害，用旧报纸缝制成袋子套在桃、梨等果实上；随着果品生产发展的需要，日本于1952年后相继成功开发了多个果树树种的防菌、防虫的双层纸袋，广泛用于苹果、

梨等果树上，至1963年，日本青森县苹果的套袋栽培占苹果栽培总面积的23.1%；1965年后，日本又研制和推广了以促进果实着色为主要目的两层或三层纸袋，受到栽培者欢迎，得到很快推广和应用，目前日本全国苹果套袋栽培面积占苹果园总面积的47%左右。韩国套袋始于20世纪80年代，由于劳动力缺乏，套袋栽培面积仅占苹果栽培面积的5%左右，套袋苹果主要用于出口创汇。美国的苹果套袋栽培更少，由于劳动力紧缺，未进行推广，仅处于试验阶段，其他国家苹果套袋栽培未见报道。

（二）国内套袋技术发展

中国果品套袋具有几百年的历史。据史料记载，在几百年前徽州的雪梨就开始套桐油纸袋。南京一带的中晚熟桃品种，一直沿用套报纸袋；新中国成立初期，烟台果农在苹果上套书纸袋和报纸袋，以防治苹果食心虫等食果害虫。20世纪60年代后期，随着一些高毒农药的广泛使用，虫害基本得到控制，套袋基本中止。20世纪70年代，一些南方苹果产区为了防止果锈，对果实进行套纸袋试验，取得了良好的效果，套袋果品的价格得到了较大幅度的提升。随着改革开放的进行，果品进入飞速发展期，由于发展初期果品供不应求，果农过于注重产量，再加上分户管理，农药污染较为严重；针对上述情况，1982年俞大中从日本引进纸袋，对中国栽培的长巴梨进行套袋栽培，结果出口效果非常好；于是1983年同时在山东阳信、冠县和河北泊头市等地区进行出口鸭梨套袋试验，均获得成功；随后几年，俞大中通过外贸和果树技术推广部门，与果农签订协议，收购套袋的长巴梨和鸭梨进行出口，均获得高额利润；1986年，俞大中在成立龙口复发中记冷藏有限公司的基础上，在山东龙口自己建立了制袋厂，所产纸袋全部自产自销，在梨上使用的同时，开始在红星和红富士等苹果上进行应用。与此同时，山东烟台市1986年赴日研修的果树研修生，归国时带回部分苹果专用"小林"纸袋，陆续在烟台果区的龙口市、招远市、牟平区、栖霞市、威海市的苹果园试验；同期，河北省也有人引入"小林"纸袋，在试验基础上，结合当地实际情况研制适合本地区的育果袋。1988年烟台地区陆续生产出全红、个大的套袋红富士苹果，并打入香港市场。随着套袋高档苹果受到港商的青睐，1992年开始，烟台地区开始大面积示范日本的"小林"和"星野"、台湾地区的"佳田"和"爱农"以及韩国纸袋等品牌果袋，并进行大力推广。与此同时，中国也加快了果袋和果袋设备的研制和开发，山东龙口凯祥公司分别于1992年和1993年研制出了中国第一台单层果袋机和双层果袋机，同时推出"凯祥"牌育果袋（图1-15）。

图1-15　苹果育果袋生产车间

　　国内外各品牌的育果袋，不同程度提高了果品质量，并生产出了出口高档果。适应于出口需要，在外商的要求下，20世纪90年代中期开始，套袋在苹果和梨等果实上得到大面积推广与应用。随着国家苹果出口行动计划的实施，2005年开始，农业部设立了财政专项——"苹果套袋关键技术示范补贴"项目，在苹果优势区域内山东、辽宁、河北、山西、陕西和河南6省的13个县实施，实施面积6 240公顷；2008年又在上述省份新的县市继续实施。通过项目5年的实施，有效提高了苹果优质果率，促进了苹果出口。随着果袋机的推广，国内其他品牌和无品牌的纸袋大量进入市场。据不完全统计，到2010年全国果袋生产企业达到2 000家左右，各种类型果品育果纸袋用量达到700亿个。

（三）有袋栽培的提出

果品产量的增加满足了市场对果品的需求，促进了农村经济发展，但发展中存在着重数量、轻质量的问题。随着人们生活水平的提高和生活质量的改善，人们对农业发展和农业食品价值的认识发生了巨大的变化，对水果的需求也从"产量时代"跨入"质量时代"，追求优质果品、保健果品和无公害果品已成为时代的主潮流。特别是在中国加入世界贸易组织（WTO）后，关税壁垒的消除，世界许多生产国争相抢占巨大的中国市场，要让中国果品在国内外市场占有一席之地，保证果品质量的技术措施便成为中国目前和今后要解决的主要问题。于是具有促进着色、改善果面光洁度、降低农药残留等优点的套袋技术成为苹果等树种的主要栽培技术措施之一，随着果品套袋经验的完善和效益的稳步提高，广大果农逐渐认识到，今后不是套袋果，很难达到绿色食品（果品）的要求，不仅进不了国际市场，国内市场也难有销路，大多数国外经销商也要求出口果必须是套袋果。但长期以来，试验、研究和推广的均为单一套袋技术，主要集中在套（除）袋时期及方法等方面，由于果品套袋已由部分果实套袋逐渐推广为全树、全园果实套袋，由此带来的是包括整形修剪、土肥水管理、病虫害防治等在内的整个栽培体系的变化，仅仅单一套袋栽培已不能适应套袋果园综合管理的要求，因此在套袋技术的基础上提出有袋栽培，以研究和集成各项栽培技术，形成有袋栽培技术体系。

三、有袋栽培对提高苹果安全卫生品质和产业体系的影响

果实套袋是随着国内外市场对绿色食品（果品）及无公害食品（果品）越来越大的市场需求，于20世纪90年代年开始推广应用，在仅仅十多年的时间迅速发展起来的，并有力促进了我国苹果的出口。为此农业部于2005年开始设立了苹果套袋关键技术示范补贴项目，以进一步促进优质果实袋及关键技术的推广应用，扩大苹果出口。为深入了解有袋栽培对苹果安全品质和产业体系的影响，本书作者于

2006—2007年对山东、陕西、辽宁、山西、河南、河北6个套袋项目实施省份的10个县的19个不同规模果园和14个果袋生产企业进行了调查，同时结合相关专家的试验结果，认为有袋栽培在提高苹果安全卫生品质和产业体系方面起到了关键作用。

（一）有袋栽培是提高苹果安全卫生品质的有效措施

随着农产品市场的逐步国际化和国内人们生活水平的不断提高，农产品的安全性成为市场和消费者接受农产品的首要门槛，因此，无公害农产品、绿色农产品和有机农产品也就成为农业生产者密切关注的生产目标。苹果作为我国生产量最高和出口优势最强的果品，其安全性显得更为重要。果实套袋后由于果袋的阻隔和保护作用，避免了农药与果面的直接接触（图1-16），从而显著降低农药的残留量。王少敏（2002）检测结果表明，套袋红富士的水胺硫磷含量为0.004毫克/千克，未套袋果则高达0.022 4毫克/千克，农药残留量是套袋果的5.6倍；樊秀芳（2003）报道，不同套袋处理果实农药(铜、砷)残留量及亚硝酸盐含量不同，各处理果实中的残留量均低于国家规定标准；Katami（2000）和刘建海（2003）的研究也表明，套袋可以明显降低果实上有机磷和有机硫的含量；李祥（2006）研究表明套袋明显降低了果实重金属含量；同时套袋显著降低了果园的用药次数，据调

图1-16　果袋对果实的阻隔和保护作用

查，套袋果园比不套袋果园年用药次数平均降低3次左右。这些都说明有袋栽培对降低农药残留和果实重金属含量有显著作用，是提高苹果安全卫生品质的重要措施。

（二）有袋栽培是促进果农增收、产业增效的重要手段

1. **有袋栽培用药次数减少，防病成本降低**　果实套袋后，隔离了部分病虫害对果实的侵染，病虫害发生有较大程度的减轻。根据调查，套袋后果园比不套袋果园年用药次数平均降低2.7次，每667米^{2}节省购药成本200元，减少用工成本60元，共计可节约成本约260元。

2. **有袋栽培提高了优质高档果率，果农增收显著**　调查结果表明，套袋明显促进了苹果果实着色和提高了果面光洁度（图1-17），果实着色指数平均提高5个百分点左右，果面光洁度指数平均提高10个百分点左右；同时防止了农药接触果面，杜绝了空气中的尘埃污染，套袋果的优质高档果率平均提高了20个百分点，套袋平均每667米^{2}经济效益增长4 000元以上。2007年在全国最大的苹果生产市——栖霞市的两个红富士果园调查结果，未套袋果产地平均价格为2.4元/千克，而套袋果平均售价为4.53元/千克，扣除每667米^{2}增加的投入（纸袋、套袋除袋人工等）约1 800元，加上由于减少用药支出约100元，果园平均每667米^{2}产量为4 600千克，由于套袋每667米^{2}增加收

图1-17　套袋明显促进了苹果果实着色和提高了果面光洁度

入在8 000元左右；2007年在陕西富平县的两个粉红女士果园调查结果，未套袋果产地平均价格为1.9元/千克，而套袋果平均售价为3.8元/千克，扣除每667米² 增加的投入（纸袋、套袋除袋人工等）约700元，加上由于减少用药等支出约100元，果园平均每667米² 产量为1 800千克，由于套袋每667米² 增加收入在2 800元左右，果农增收显著。

（三）有袋栽培是促进苹果产业可持续发展的有力保证

1. **有袋栽培显著提高了产业生态效益**　随着以果实套袋为核心的综合技术推广，实行标准化生产，主产区果农逐渐改变了目前盲目使用化肥和农药的管理方式，大力推广使用有机肥和低毒、低残留化学农药或生物农药，减少化肥和农药的使用量，彻底杜绝剧毒、高残留农药的使用。大大降低化学品对果实和环境的污染，不但提高了苹果的质量和安全性，还有利于环境保护。同时由于苹果经济效益的逐年高额回报，各地果树发展较快，种植面积在不断扩大，尤其是西北黄土高原的陕西和山东鲁中山区，随着果园的建立，当地政府不用再号召荒山育林，便使当地林果满山坡，改变了昔日的干旱小气候，抵挡了沙尘暴的污染，遏止了水土流失现象，使得天更蓝了，空气更清新了，生态更完美了（图1-18）。

图1-18　产业生态效益明显

2.有袋栽培带动了相关产业的发展　通过果实套袋，不仅套袋和除袋需要雇工，还促进了纸袋生产、运输和包装，造纸业等相关产业的发展，拓宽二、三产业服务领域，有效增加就业机会。据调查，纸袋生产企业每生产100万个纸袋平均用工30个，以目前的700亿个纸袋计算，年可提供就业岗位210多万人次；同时苹果套袋平均每667米^{2}需人工3个左右，这既增加了农民收入、促进了农村发展，又维护了社会稳定。调查结果还显示，生产企业每生产100万个纸袋，平均需支付运输费用1 500元，包装费用1 200元，税收3 000元，这对促进这些行业的发展和增加国家税收成效显著。同时果袋生产具有低能耗、无污染的特点，这在环境问题日益深刻的今天，对环境的贡献不容忽视。

（四）集成有袋栽培技术，增强鲜果竞争力

目前套袋还存在以下几个主要方面的问题：果袋质量良莠不齐，套袋技术还需进一步规范，套袋对果品内在品质有一定负面影响，套袋投入较大等。由于在未来一段时间内套袋技术还是生产优质果品的重要措施之一，因此我们要加大对套袋带来的负面影响的研究和改进，优化套袋技术，引导广大果农积极应用以果实套袋为核心的提高果实品质的综合配套技术，进一步提高果农的商品意识和质量安全意识，充分发挥出以技术密集型为核心的产业优势，增强鲜果竞争力（图1-19），扩大出口，推动苹果业健康、快速、协调、可持续发展。

图1-19　具有出口竞争力的苹果

第二章

生 产 条 件

与有袋栽培密切相关的生产条件包括果园和果袋种类的选择,抓好这两个基本条件的落实,是决定有袋栽培成功的关键之一。

一、果园选择

有袋栽培苹果园要求综合管理水平高(图2-1),树体健壮,病虫害发生轻,树体结构良好,通风透光;为利于病虫害的群防群治和提高套袋果的商品率,应全园套袋。具体讲,应选择具备以下条件的果园进行有袋栽培。

图2-1 综合管理水平较高的果园

(一)土壤条件

土壤要比较肥沃,有较好的保肥蓄水能力(图2-2),不严重缺乏微量元素。沙土地和山顶瘠薄地果园，保水能力差，日烧发生较重；由片麻岩、母质形成的轻壤土果园，钙、硼等中微量元素缺乏，尤其干旱年份缺乏更重，会加重苦痘病、缩果病、日烧病等生理病害的发生；以上这两种土壤的果园不宜进行有袋栽培。果园应有较好的灌溉条件，若套袋和除袋这两个关键时期天气干旱，果园能浇水，保证一定的土壤湿度，以减轻或避免日烧的发生；同时，有袋栽培果园还应有较好的排水能力，例如涝洼地果园，若遇到多雨年份，果袋内温度长期较高，套袋果极易产生大面积果锈。

图2-2 果园要求土壤条件较好

（二）果树条件

要求树势较强，整齐度高，枝量适中，光照良好（图2-3）。树势强，则着色好、个头大，套袋成功率高；树势过弱，则果实小、果形扁，虽然在不套袋时表现着色良好，但套袋后着色差，同时由于叶片少，日烧发生严重。剪后每667米^{2}枝量应在10万条左右，生长季树冠透光率要达到25%～35%。枝量过大光照不良，内膛果实着色不良；枝量过大的另一个显著缺点是，园内湿度大，果袋被雨水或露水淋湿后长期不干，诱发果面产生大面积果锈，降低了套袋果的商品价值。

图2-3　适宜的套袋树

（三）品种条件

高档果的生产主要选择红富士（图2-4）、乔纳金（图2-5）、红将军（图2-6）、寒富（图2-7）、粉红女士（图2-8）等红色优良品种，有袋栽培后集中着色面75%以上，色泽鲜艳，果面光洁细嫩，无果锈，无污斑，具有本品种特征，内在品质好。对一些易着色和绿色品种金帅（图2-9）可套单层育果袋，主要提高果面光洁度。

图2-4　红富士

图2-5　乔纳金

图2-6 红将军

图2-7 寒 富

图2-8 粉红女士

图2-9 金 帅

二、育果袋种类的选择

（一）育果袋类型

1952年以前，国内外所用育果袋主要采用旧报纸或书纸制作，套袋主要目的是预防病虫害。1952年后日本相继成功开发了多个果树树种的防菌、防虫的双层育果纸袋，1965年后研制了以促进果实着色为主要目的的二层和三层育果纸袋，受到栽培者欢迎并得到较快应用；20世纪80年代初，中国引进日本育果纸袋进行试验推广；1992年和1993年中国自行生产的单层育果纸袋和双层育果纸袋开始在国内推广应用。与此同时，相关部门和企业陆续研制和推广了塑膜袋、"纸＋膜"袋、反光膜袋和液膜袋等。目前育果袋类型包括双层纸袋、单层纸袋、塑膜袋、"纸＋膜"袋、反光膜袋、液膜袋和报纸袋等，生产上应用最多的是双层纸袋。

1.双层纸袋　日本所产的双层袋，主要由两个袋组合而成，外袋是双色纸，外侧主要是灰色、绿色、蓝色3种颜色，内侧为黑色；这样外袋起到隔绝阳光的作用，果皮叶绿素的生成在生长期即被抑制，套在袋内的果实果皮叶绿素含量极低；内袋由农药处理过的蜡纸制成，主要有绿色、红色和蓝色3种。中国台湾生产的双层袋，外袋外侧为灰色，内侧为黑色；内袋为黑色。中国大陆生产的双层袋，外袋外侧有灰色、褐色等，内侧为黑色，内袋为红色和黑色两种，大部分内袋进行了涂蜡处理，部分品牌纸袋的内袋还进行了药剂处理。中国于2003年发布了《育果袋纸》（GB 19341—2003）国家标准，2008年又发布了《苹果育果纸袋》（NY/T 1555—2007）行业标准，对育果袋纸张和苹果育果袋的各项技术指标进行了规范。各地试验结果表明，不同品种苹果套双层育果袋（图2-10）的果实在改善外观品质，尤其是促进着色、提高果面光洁度等方面效果明显，是生产高档果品的首选，但成本相对于其他种类纸袋较高。

图2-10　双层育果袋

2.单层纸袋　单层纸袋（图2-11）目前生产中应用也较多，主要用于新红星、乔纳金等较易着色品种和金冠等绿（黄）色品种，以防止果锈、提高果面光洁度为主要目的。中国台湾生产的单层袋,外侧银灰色,内侧黑色;中国大陆生产的有外侧灰色内侧黑色单层袋(复合纸袋)、木浆纸原色单层袋和黄色涂蜡单层袋等。

3. **塑膜袋** 20世纪90年代末,由于纸袋成本高,中国许多果农试套塑膜袋(图2-12),在防止病虫害和保持果面洁净程度方面效果较好,且价格便宜,因而塑膜袋在一些苹果产区开始大量普及推广,其

图2-11 单层纸袋

中主要在中西部苹果产区。对于塑膜袋的应用现在分歧很大,有人认为套塑膜袋果实的日烧率、粗糙指数等相比套纸袋高,要少用或不用;也有人认为塑料薄膜袋价格便宜、节省用工,所套果着色好、糖度高,可以带袋采收,经济效益比不套袋高一倍。目前应用于果品上的塑膜袋由聚乙烯薄膜制成,袋宽16厘米,袋高20厘米,厚度0.005毫米,袋面上打5个透气孔(四角各1个,中间1个),袋下角剪2个各长约2厘米的排水孔;袋色有橘红、紫色、白色等,有些在制袋的聚乙烯中加适量的透气剂和防腐保鲜剂。

图2-12 塑膜袋

4. "纸+膜"袋 2000年以来，中国一些果农吸收了纸袋和膜袋套袋的优点，对苹果实行塑膜袋和纸袋结合，实行一果双套，既利用了膜袋能使果面光洁，基本无裂果，又发挥了纸袋能遮光褪绿，着色鲜艳的特点，生产无公害优质苹果。随后由企业在部分地区进行膜袋和纸袋两次套袋的实践中研制推广了"纸+膜"袋（图2-13），该类型果实袋外层为单层纸袋，内层为黑色膜袋，目前该种果袋在部分果区得到了一定面积的推广。

图2-13 "纸+膜"袋

5. 反光膜袋 为有效降低袋内温度，避免果实日烧的发生，山东清田果蔬有限公司研制了反光膜袋（图2-14），该类型果袋由内外两层纸构成，内层为蜡纸红袋，外层袋外侧涂有反光材料。果实套反光

图2-14 反光膜袋

膜袋后，袋内气温比普通双层纸袋低10℃以上，有效地避免了果实日烧的发生，同时果实褪绿速度快，改善冠内光照，优质果率提高；但该种果袋透气性较差，成本较高，影响了其大面积应用。

6.**液膜袋**　液膜袋是以现代仿生技术和控制释放原理生产的新型果袋，由聚乙烯醇类等物质复合多种生物活性物质制成，喷施后在果面形成一层网状微膜结构，具有弹性和延伸性，可随果实生长而增大。初步试验和试用结果表明，使用液膜果袋果面光洁度显著提高，病虫果发生率显著降低，且成本低、省工。

7.**报纸袋**　自制报纸袋能一定程度防止金冠果锈的发生和提高果面光洁度，目前还有个别果园在使用。

（二）纸种类及加工工艺

目前育果袋用纸应包括以下几个主要特点。

第一，用纸应具有湿强度大、疏水性强、风吹雨淋不破碎等特点，避免破碎（图2-15）。

图2-15　破碎果袋

第二，要有较强的透析度，具有良好的通气性，有利于袋内气体循环和水蒸气排出，以达到袋内温度不至于过高、袋内湿度不至于过大而影响果实正常生长发育。

第三，外纸颜色采用颜色浅如白色，可以起到反光作用，这样有利于降低袋内温度，防止日烧发生，同时避免袋内温度过高影响果实发育。

第四，为防止外袋纸在日光照射下产生老化褪色而降低遮光性，在造纸过程中对纸张表面进行耐老化颜料处理。外纸进行表面拨水加工，加工流程：纸张—涂布拨水剂—干燥—分切复卷；内纸涂蜡加工，加工流程：纸张—融蜡—涂布—压榨—冷却—分切复卷，涂蜡加工时进行杀虫杀菌剂处理，以防害虫及病菌为害。

图2-15显示的是育果袋用纸质量不过关。

（三）袋加工工艺

一是加工规格尺寸要根据不同品种、不同栽培区域、不同栽培要求进行合理设计，保证果袋体积不要过大或过小，果袋过大造成浪费且影响树冠内通风透光，过小易造成脱袋前撑破果袋，发生日烧。二是要规模生产（图2-16），选择适宜的外袋纸（图2-17）和内袋纸（图2-18）。三是根据目前制袋机（图2-19）的类型可以分为兜底粘袋、双侧粘袋和粘底粘袋3类，以兜底粘、双侧粘为好；育果袋底部两角（图2-20）和两角中间要有开袋孔（图2-21），以便袋内通气和排水。四是制袋用胶采用中性、对植物组织无损伤的胶黏剂，

图2-16　纸袋生产车间

根据内、外纸的特点有所区别，外袋用水溶性胶或淀粉胶，内袋用溶剂型胶；相对于水溶性胶，溶剂型胶易挥发，比较易干。五是内袋涂蜡要保证适量，且要选择高熔点的石蜡，涂蜡量过大或选用的石蜡熔点过低，在温度高的情况下，蜡融化后，粘到果实上易造成蜡害。六是制袋所用扎丝要粗细适宜（图2-22），采用热镀锌铁丝，以防止生锈。

图2-17　纸袋外纸

图2-18　纸袋内纸

图2-19　纸袋生产机械

图2-20　下角通气孔

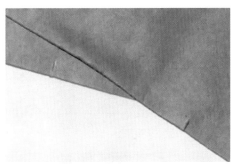

图2-21　袋底切口　　　　　　图2-22　右上角卡子

三、不同种类育果袋对苹果品质影响研究

目前市场上各种类型、各种品牌的双层育果纸袋繁多，给果农选择带来了一定难度，同时一些质量低劣的双层育果纸袋降低了套袋的成功率和优质果率，给部分果农造成了一定损失。针对这一现状，我们结合国家苹果套袋关键技术示范补贴项目的实施，选择项目中标的育果纸袋和市场上常见的几种育果纸袋作为试材，在红富士品种和寒富品种上试验研究了不同纸质育果袋对果实品质的影响。

（一）材料与方法

红富士苹果不同种类育果袋试验（图2-23）。试验于2007年4～11月分别在山东省栖霞市、蓬莱市、蒙阴县，陕西省铜川耀州区和辽宁省绥中县进行。栖霞市试验园位于该市松山街道艾前夼村，地处艾山前脚，中壤土，土层深2米以上，12年生乔砧红富士，株行距3米×4米，树势中庸健壮，管理水平中上；蓬莱市试验园位于该市园艺场苹果园内，地处丘陵，土质为沙砾棕壤土，12年生红富士，株行距3米×5米，树形为改良纺锤形，坡地种植，果园实现了微喷灌溉；蒙阴县试验园位于该县野店镇南峪村果园，地处丘陵阳面，沙质壤土，排灌条件好，12年生红富士，株行距3米×5米，树势中庸，生长较好，果园管理水平较高。铜川市耀州区试验园位于该区桃曲坡水库果林示范园，果园海拔950～1 200米，沙壤土，14年生红富士，株行距2.5米×3米，树形为小冠疏层延迟开心形，中庸健壮，生草制，灌溉、排水便利，管理水平较高。绥中县试验园位于该县西甸子乡鞍马村，地处辽西走廊，水平梯田，棕壤土，12年生乔砧红富士，株行距3米×4米，树形为自由纺锤形，中庸健壮，灌溉、排水便利，管理水平中上。

图2-23　试验树

　　山东试验点均选用本省知名度较高、符合《苹果育果纸袋》规定值、项目中标的"小林"牌双层纸袋、"凯祥"牌双层纸袋、"丰华"牌双层纸袋、"爱农"牌双层纸袋、"清田"牌双层纸袋和"养马岛"

牌双层纸袋6个品牌果袋，各地分别以一种当地常用的低档袋（价格不高于0.03元/个）为对照。陕西试验点选用本省知名度较高、符合《苹果育果纸袋》规定值、项目中标的"鸿泰"袋、"三秦"袋和"青和"袋3个品牌果袋，以《苹果育果纸袋》规定值以下的"全印"袋、"东方"袋为对照。辽宁试验点选择符合《苹果育果纸袋》规定值、项目中标的"宏成"袋、"彤乐"袋、"富达"袋3个品牌果袋，以《苹果育果纸袋》规定值以下的"前卫"袋为对照。

寒富苹果不同种类育果袋试验：试验园位于沈阳农业大学校内果树教学基地，地处沈阳市东郊，平地台式果园，土壤类型为黏壤土，5年生寒富苹果（寒富/MM256/山定子），株行距1米×4米，树形为自由纺锤形，中庸健壮，生草制，灌溉、排水便利，管理水平较高。试验育果袋为"小林"牌双层纸袋、"清田"牌双层纸袋和"彤乐"牌双层纸袋3个品牌果袋。

（二）试验设计

红富士苹果不同种类育果袋处理。采用Z形方法选择生长发育中庸健壮的植株，单株小区，3次重复，每株树套100个果实，整个试验果袋要求一天内套完。套（除）袋时期和配套栽培措施同当地一致，套袋时间均为落花后40天，除袋时间为采果前14天，具体套袋和除袋时期见表2-1。

表2-1　红富士苹果不同套（除）袋时期处理表

试验地点	套袋日期（月－日）	除袋日期（月－日）
栖霞市	6-9	10-7
蓬莱市	6-10	10-8
蒙阴县	5-25	9-25
铜川市	6-2	10-1
绥中县	6-8	10-10

每个处理中随机选取30个果实，调查不同处理果袋破损率、日烧果率、黑点病果率、苦痘病果率、果实着色指数和果面光洁度指

数，测定果实单果重、果实硬度、可溶性固形物含量、有机酸含量和维生素C含量。

寒富苹果不同种类育果袋处理：在试验园内选出树相一致、生长良好的寒富苹果树作为试验用树，每种育果袋一个处理，单株小区，3次重复，区组内随机排列。套袋时间为花后40天（晴天），于当天全部套完试验用果，以不套袋为对照。在套袋当天及套袋后按主要物候期取样（图2-24），直至果实采收，每个处理中随机选取30个果实测定其可溶性糖、淀粉、有机酸含量和维生素C含量；采收时测定果形指数、果实去皮硬度、单果重和可溶性固形物含量。

图2-24 试验取样

（三）测定方法

果袋破损率、日烧果率、黑点病果率、苦痘病果率：根据所选样品实际进行统计调查。果实着色指数：见表2-2。果实大小：用电子秤测定，精确到小数点后一位。果实硬度：用GY-B型果实硬度计测定。着色度：按照着色面积占果实总面积＞90%、70%～90%、＜70% 3个档次调查。果面光洁度指数：见表2-3。可溶性固形物：用WYT型手持折光仪测定。有机酸：NaOH滴定法。维生素C：分光光度计法。可溶性糖和淀粉含量：参照邹琦（1995）的方法。

表2-2　果实着色指数调查统计方法

级别	1级	2级	3级	4级	5级	着色指数
标准（着色面积）	< 30%	30%～50%	50%～70%	70%～90%	≥90%	—
果数量	$X_1=$	$X_2=$	$X_3=$	$X_4=$	$X_5=$	

$$着色指数（CI）=（X_1 \times 1 + X_2 \times 2 + X_3 \times 3 + X_4 \times 4 + X_5 \times 5）/（30 \times 5）\times 100\%$$

表2-3　果实光洁度指数统计方法

级别	1级	2级	3级	光洁度指数
标准（果皮感官）	粗糙	较平滑	平滑	—
果数量	$X_1=$	$X_2=$	$X_3=$	

$$光洁度指数（LI）=（X_1 \times 1 + X_2 \times 2 + X_3 \times 3）/（30 \times 3）\times 100\%$$

（四）结果与分析

1. 不同种类育果袋破损率及对红富士苹果病果率的影响　育果袋质量的优劣直接决定着套袋果的商品果率。由表2-4可知，同一育果袋在不同地区破损率不完全一致，在山东3个试验点，蒙阴试验点的总体破损率最高，这可能与当地立地条件和气候有关；不同试验点的结果表明，符合《育果袋纸》标准纸袋的破损率要明显低于《育果袋纸》标准以下的纸袋。

不同种类育果袋病果率的调查结果表明，从日烧发生情况看，栖霞试验点所有果袋种类均未发生日烧；蓬莱试验点"丰华"袋和"爱农"袋均未发生日烧，"养马岛"袋、"小林"袋和"清田"袋日烧果率均为3.3%，"凯祥"袋日烧果率和对照一致，均为6.7%；蒙阴试验点"养马岛"袋、"爱农"袋、"小林"袋、"清田"袋和"凯祥"袋日烧果率明显小于对照，分别比对照低3.3%、6.5%、10.0%、3.3%和6.5%，"丰华"袋和对照日烧果率均为13.3%；铜川试验点仅有"三秦"袋轻微发生日烧；绥中试验点均未发生日烧。从黑点病发生情况看，在山东3个试验点所有育果袋都不同程度发生黑点病，各种育果袋在不同地点黑点病发生程度基本一致，优质育果袋相对发生要轻一些；在铜川试验点，黑点病发生相对严重，病果率平均为11.1%，"三秦"袋黑点病发生最严重，病果率为26.7%；绥中试验点各种果袋均未发生黑点病。从苦痘病发生情况看，在栖霞和蓬莱试验点发生较重，不同育果袋之间差异较小，在其他试验点基本没有发生，因此认为苦痘病与育果袋种类关系不大。上述结果表明，整体上优质育果袋破损率和病果率明显低于低档果袋，日烧和黑点病的发生与果袋种类有一定的关系，但规律性不明显，需进一步深入研究，苦痘病的发生与育果袋种类关系不大，可能与立地条件和气候有关。

表2-4　不同种类育果袋破损率及对红富士苹果病果率的影响

试验地点	处理	果袋破损率（%）	病果率（%）		
			日烧病	黑点病	苦痘病
栖霞市	"养马岛"袋	6.7	0.0	10.0	20.0
	"丰华"袋	3.3	0.0	10.0	16.7
	"爱农"袋	3.3	0.0	6.7	20.0
	"小林"袋	0.0	0.0	6.7	16.7
	"清田"袋	0.0	0.0	6.7	20.0
	"凯祥"袋	0.0	0.0	10.0	16.7
	对照（CK）	0.0	0.0	10.0	20.0
蓬莱市	"养马岛"袋	10.0	3.3	13.3	6.7
	"丰华"袋	10.0	0.0	13.3	20.0
	"爱农"袋	16.7	0.0	16.7	13.3
	"小林"袋	6.7	3.3	10.0	16.7
	"清田"袋	10.0	3.3	13.3	10.0
	"凯祥"袋	3.3	6.7	16.7	13.3
	对照（CK）	16.7	6.7	20.0	20.0

（续）

试验地点	处理	果袋破损率（%）	病果率（%）		
			日烧病	黑点病	苦痘病
蒙阴县	"养马岛"袋	20.0	10.0	6.7	3.3
	"丰华"袋	26.7	13.3	10.0	0.0
	"爱农"袋	6.7	6.7	10.0	0.0
	"小林"袋	0.0	3.3	3.3	0.0
	"清田"袋	3.3	10.0	6.7	0.0
	"凯祥"袋	13.3	6.7	6.7	0.0
	对照（CK）	40.0	13.3	3.3	0.0
铜川市	"鸿泰"袋	0.0	0.0	6.7	0.0
	"三秦"袋	6.7	3.3	26.7	0.0
	"青和"袋	0.0	0.0	3.3	0.0
	"全印"袋	6.7	0.0	13.3	0.0
	"东方"袋	13.3	0.0	13.3	0.0
	对照（CK）	—	0.0	3.3	6.7
绥中县	"宏成"袋	0.0	6.7	0.0	0.0
	"彤乐"袋	0.0	0.0	0.0	0.0
	"前卫"袋	0.0	10.0	0.0	0.0
	"富达"袋	0.0	10.0	0.0	3.3
	对照（CK）	—	0.0	0.0	0.0

2. 不同种类育果袋对红富士苹果着色指数、光洁度指数和单果重的影响　由表2-5可知，从着色指数看，栖霞试验点红富士苹果着色指数平均为90.4%，果袋种类对着色指数的影响差异不大，最大差异为2.0%；蓬莱、蒙阴试验点优质果袋果实着色指数均高于低档果袋，红富士苹果着色指数平均值分别为85.5%和81.7%，果袋种类对着色指数的影响较大，最大差异分别为8.3%和10.3%；铜川和绥中试验点红富士苹果着色指数平均值分别为89.9%和89.6%，不同种类育果袋处理间着色指数最大差异分别为8.0%和14.7%。

表2-5 不同种类育果袋对红富士果实品质的影响

试验地点	处理	着色指数(%)	光洁度指数(%)	单果重(克)	果实硬度(千克／厘米^2)	可溶性固形物(%)
栖霞市	"养马岛"袋	90.0	92.2	231.5	7.7	16.2
	"丰华"袋	90.7	92.2	233.2	7.6	16.3
	"爱农"袋	90.9	93.3	232.2	7.7	16.2
	"小林"袋	89.3	94.4	232.4	7.6	16.2
	"清田"袋	90.7	94.4	232.6	7.6	16.2
	"凯祥"袋	91.3	93.3	232.8	7.5	16.1
	对照（CK）	90.0	92.2	231.8	7.6	16.2
蓬莱市	"养马岛"袋	88.0	73.3	272.8	9.4	12.8
	"丰华"袋	82.0	75.6	272.2	9.4	12.8
	"爱农"袋	86.7	73.3	270.6	9.5	12.8
	"小林"袋	89.0	80.0	274.5	9.5	12.8
	"清田"袋	85.3	72.2	278.1	9.5	12.6
	"凯祥"袋	87.0	74.4	270.6	9.4	12.6
	对照（CK）	80.7	67.8	283.5	9.4	12.6
蒙阴县	"养马岛"袋	78.7	65.6	219.3	7.3	13.0
	"丰华"袋	78.0	64.4	246.6	7.6	13.7
	"爱农"袋	88.0	67.8	232.8	7.4	14.8
	"小林"袋	86.7	70.0	227.0	7.6	15.3
	"清田"袋	79.3	68.9	237.0	7.5	14.9
	"凯祥"袋	84.0	67.8	221.7	7.5	13.8
	对照（CK）	77.3	64.4	250.5	7.9	14.0
铜川市	"鸿泰"袋	92.0	—	198.7	8.9	12.4
	"三秦"袋	89.3	—	201.9	8.6	11.8
	"青和"袋	86.7	—	193.9	8.9	12.7
	"全印"袋	94.0	—	203.3	8.8	13.5
	"东方"袋	86.0	—	192.4	8.9	13.8
	对照(CK)	91.3	—	211.9	8.3	15.3
绥中县	"宏成"袋	96.0	86.7	198.0	12.1	11.5
	"彤乐"袋	96.0	97.8	183.0	13.1	11.2
	"前卫"袋	86.7	93.3	173.0	12.6	10.5
	"富达"袋	81.3	98.9	189.0	12.6	12.3
	对照(CK)	88.0	46.7	187.2	12.7	13.3

　　从光洁度指数看，在栖霞、铜川和绥中试验点，不同纸质育果袋对果实光洁度指数影响差异不大；在蓬莱和蒙阴试验点，"小林"袋所套果实的光洁度指数最好，低档育果袋所套果实的光洁度指数要差一些（图2-25至图2-30）。

图2-25　不同时期不同纸袋果实对比
（8月8日）

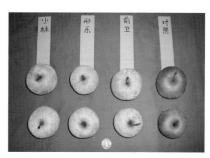

图2-26　不同时期不同纸袋果实对比
（9月12日）

图2-27　不同时期不同纸袋果实对比
（9月25日）

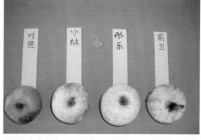

图2-28　不同时期不同纸袋果实对比
（10月9日）

图2-29　不同时期不同纸袋果实对比
（10月17日）

图2-30　不同时期不同纸袋果实对比
（10月22日）

　　不同育果袋对果实单果重有一定影响，但差异不大，总体来看，优质育果袋单果重略低于标准值以下育果袋；具体试验结果，栖霞试验点单果重由大到小依次为"丰华"袋、"凯祥"袋、"清田"袋、"小林"袋、"爱农"袋、对照（CK）、"养马岛"袋，蓬莱试验点单果重由大到小依次为CK、"清田"袋、"小林"袋、"丰华"袋和"养马岛"袋、"凯祥"袋和"爱农"袋，蒙阴试验点单果重由大到小依次为CK、"丰华"袋、"清田"袋、"爱农"袋、"小林"袋、"凯祥"袋、"养马岛"袋，铜川试验点单果重由大到小依次为CK、"全印"袋、"三秦"袋、"鸿泰"袋、"青和"袋、"东方"袋，绥中试验点单果重由大到小依次为"宏成"袋、"富达"袋、CK、"彤乐"袋、"前卫"袋，说明单果重与育果纸袋种类和优劣没有直接的关系，可能与果园和树体管理关系更为密切。

　　3. **不同种类育果袋对寒富苹果果形指数等指标的影响**　由表2-6可知，从果形指数看，"清田"袋和"彤乐"袋果形指数均小于对照，分别比对照低0.02和0.03，而"小林"袋和对照没有差异；从单果重看，各套袋处理单果重均明显小于对照，"清田"袋、"彤乐"袋和"小林"袋分别比对照低20.6克、13.7克和26.3克；从果实去皮硬度看，各套袋处理去皮硬度均明显小于对照，"清田"袋、"彤乐"袋和"小林"袋分别比对照低0.4千克/厘米^2、0.4千克/厘米^{2}和0.6千克/厘米^2；从可溶性固形物看，各套袋明显降低了果实的可溶性固形物含量，"清田"袋、"彤乐"袋和"小林"袋可溶性固形物含量分别对照低2.0%、2.3%和2.3%。

表2-6　不同种类育果袋对寒富苹果果形指数等指标的影响

处理	果形指数	单果重（克）	去皮硬度（千克/厘米^2）	可溶性固形物（%）
"清田"袋	0.85	246.30	8.50	12.30
"彤乐"袋	0.84	253.20	8.50	12.00
"小林"袋	0.87	238.60	8.30	12.00
对照（CK）	0.87	266.90	8.90	14.30

4. 不同种类育果袋对寒富苹果内在品质的影响 可溶性糖主要由蔗糖，葡萄糖和果糖组成，是构成苹果果实可溶性固形物的重要成分。多数研究认为，糖含量越高，果实口感风味就越好。因此，可溶性糖含量是评价苹果风味质量优劣的一个重要指标。

图2-31中可溶性糖变化表明，各套袋处理果实可溶性糖含量在生长发育过程中均低于对照。套袋处理在前期（花后40～100天）可溶性糖积累量较低，且花后100天有小幅度降低，而对照果实可溶性糖则呈持续上升趋势（花后40～130天）。果实开始着色时（盛花后100～130天），各套袋处理及对照果实可溶性糖含量迅速上升，花后130天左右，"清田"袋和对照果实可溶性糖含量达到最大值，而后下降，"小林"袋和"彤乐"袋处理果实可溶性糖含量则持续上升。果实采收时，各处理果实可溶性糖含量由低到高依次为"彤乐"袋、"清田"袋、"小林"袋、对照。

淀粉变化表明，各处理淀粉含量变化呈先上升后下降趋势，且对照果实淀粉含量始终高于各套袋处理。果实发育早期积累的淀粉（花后40～70天）是为后期糖的合成储备碳源。果实采收时（花后160天），套袋处理间果实淀粉含量差异不明显，"彤乐"袋要略高于"清田"袋和"小林"袋。

有机酸在果蔬产品中普遍存在，人的味觉器官对酸的反应非常敏感，因此有机酸含量也会影响苹果的风味质量。有机酸变化表明，各处理果实有机酸含量自幼果期至采收期均呈下降趋势。在处理初期（花后40～50天），套袋处理果实有机酸含量降幅最大，而对照有机酸骤降持续时间较长（花后40～70天）。果实采收时（花后160天），果实有机酸含量由高到低依次为对照、"清田"袋、"彤乐"袋、"小林"袋。

维生素C变化表明，各处理果实维生素C含量均呈先上升后下降变化趋势。处理初期果实维生素C含量较低（花后40～50天），花后50～100天 其维生素C含量迅速升高，于花后100天达最大值，随后逐渐降低（花后100～160天）。果实采收时（花后160天），对照果实维生素C含量高于各套袋处理，不同果袋之间"清田"袋较"小林"袋和"彤乐"袋果实维生素C含量有所提高。

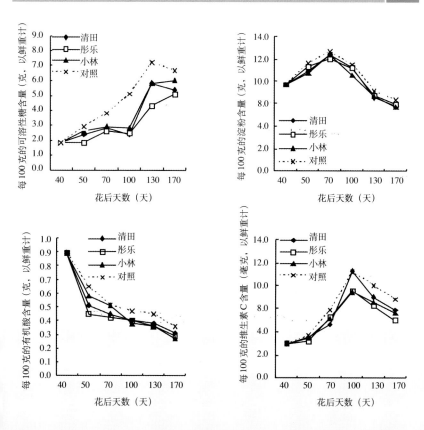

图2-31　不同种类育果袋对寒富苹果内在品质的影响

（五）结论

不同纸质育果袋对苹果果实品质的影响试验表明，不同育果袋对果实各项指标的影响规律基本一致，综合各项指标，符合《苹果育果纸袋》规定值果袋的应用效果（着色指数、光洁度指数、病果率、果袋破损率等）明显优于规定值以下的果袋。与未套袋果相比，各地试验均表明，套袋果的可溶性形物、可滴定酸、维生素C和单果重下降，果实光洁度指数、着色指数和硬度增加，说明苹果套袋后外观品质明显提高，而内在品质有所下降。

　　苹果育果袋的纸张应具有强度大、风吹雨淋不变形和不破碎等特点；其次，要具有较强的透析度，避免袋内湿度过大，温度过高；另外，果实袋外表颜色浅，反射光照较多，这样温度不至过高，或升温过快，同时应采用防水胶处理。果袋用纸的透光率和透光光谱是果袋质量指标的重要方面，应根据不同品种、不同地区和不同的套袋目的，选用不同纸张及适宜纸张种类，使果袋具有适宜的透光率及透光光谱范围。果袋应涂布杀虫杀菌剂，套袋后在一定的温度下产生短期雾化作用，抑制害虫进入袋内或杀死进入袋内的病菌和害虫。

第三章

套 袋 技 术

套袋技术主要包括套袋时期和方法，除袋时期和方法等。

一、套袋时期和方法

1.**套袋时期** 实践证明，不同地区、不同品种套袋时期的早晚对果实质量影响较大，各地通过不同时期套袋试验（图3-1）提出了有针对性的适宜套袋时期。在胶东产区红富士苹果最佳套袋时期选择在果实生理落果后的6月上中旬（花后35～40天），在鲁西南产区从5月下旬开始套袋；早熟和中熟品种应在花后约30天进行。在海拔950米渭北地区，花后40～50天是红富士苹果的最佳套袋时间。在河北花后20～40天是长富2号的最佳套袋时间。试验和调查结果表明，

图3-1 套袋树

套袋越早，果实的外观品质越好，果面光洁鲜艳，着色好，果点小，果实的锈斑发生率低，但不利于糖类物质积累；套袋越晚，果实的可溶性固形物越高，果实硬度越大，但果面粗糙，日烧增加。套袋时间应在早晨露水已干、果实不附着水滴或药滴时进行，以防止发生日烧或药害。一般在晴天8：00至下午日落前1小时进行套袋，中午温度较高（超过25℃）阶段要避开套袋作业。

苹果套袋时期应选择在花后35～45天开始，10天内完成。一天中套袋时间应在早晨露水已干、果实不附着水滴或药滴时进行，一般在9：00～12：00和15：00～19：00进行，避开中午强光时段和雨天，阴天套袋时间前后可适当延长。

2.**套袋方法**　套袋前3～5天将整捆果袋放于潮湿处，使之返潮、柔韧（图3-2）。

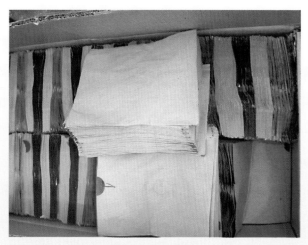

图3-2　套袋前返潮

选定幼果后，小心地除去附着在幼果上的花瓣及其他杂物，左手托住果袋（图3-3、图3-4），右手撑开袋口，令袋体膨起（图3-5、图3-6），使袋底两角的通气放水孔张开。

手执袋口下2～3厘米处，袋口向上或向下，套入幼果，使果柄置于袋的开口基部（勿将叶片和枝条装入果袋内），然后从袋口两侧依次按"折扇"方式折叠袋口于切口处，将捆扎丝扎紧袋口于折叠处，于线口上方从连接点处撕开将捆扎丝返转90°，沿袋口旋转1周扎紧袋口，使幼果处于袋体中央，在袋内悬空，以防止袋体摩擦果面（图3-7至图3-14）。

图3-3　套袋顺序1

图3-4　套袋顺序2

图3-5　套袋顺序3

图3-6　套袋顺序4

图3-7　套袋顺序5

图3-8　套袋顺序6

图3-9　套袋顺序7

图3-10　套袋顺序8

图3-11　套袋顺序9

图3-12　套袋顺序10

图3-13　套袋顺序11

图3-14　套袋顺序12

　　套袋时用力方向要始终向上，以免拉掉幼果，用力宜轻，尽量不碰触幼果，袋口也要扎紧，但不能捏伤或挤压伤果柄，袋口尽量向下或斜向下，以免害虫爬入袋内为害果实，防止药液、雨水浸入果袋内和防止果袋被风吹落。不要将捆扎丝缠在果柄或果台枝上。

套袋顺序（图3-15、图3-16）为自上而下、先里后外。果袋涂有农药，套袋结束后应及时洗手。

图3-15 套袋后果实

图3-16 套袋后果园

二、除袋时期及方法

除袋时期依育果袋种类、苹果品种、成熟期和气候条件不同而有较大差别。在山东产区红色品种使用双层纸袋的，于果实采收前30～35天，先除外袋，外袋除去后经4～7个晴天再除去内袋；红色品种使用单层纸袋的，于采收前30天左右，将袋体撕开呈伞形，罩于果上防止日光直射果面（图3-17、图3-18），过7～10天后将全袋除去；黄绿色品种的单层纸袋，可在采收时除袋。黄土高原中南部地区红富士苹果适宜在9

图3-17 除去外袋的果实

图3-18   除去外袋的树体

月24日至10月10日除外袋，采前7～9天除内袋。在河北产区双层育果袋应在果实采收前1个月去外袋，4～7天后去内袋。除袋早果实的可溶性固形物含量高，果实总酸和硬度较低，但着色重，颜色发暗（俗称上色老），鲜艳度差，果点大，果面不洁净；除袋较晚果面鲜艳（图3-19、图3-20），果实总酸和硬度较高，但不利于糖类物质积累，可溶性固形物含量低；除袋早晚对病虫果率和日烧率无明显差别。研究认为阴天果实除袋可以全天进行，这与目前生产中推荐的做法相吻合。

图3-19   套袋苹果除袋比色卡

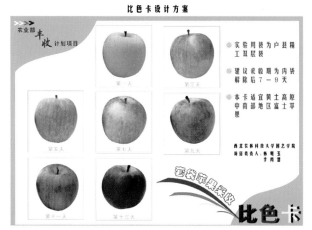

图3-20　套袋苹果采收比色卡

三、不同品种适宜套袋和除袋时期的试验研究

套袋及除袋时期是有袋栽培体系中的关键技术环节，适宜的套袋及除袋时期对提高果实品质具有十分重要的意义。笔者以红富士、粉红女士和新世界等品种等为试材，设计了不同套袋时期和除袋时期共9个处理，研究了不同处理对果实品质的影响，提出了不同品种适宜的套袋和除袋时期。

（一）材料与方法

1. **供试材料**　试验于2007年4～11月分别在山东省文登市、辽宁省绥中县和陕西省富平县进行。文登市试验园位于该市噢家镇大英村果园，地处丘陵山地，沙质壤土，20年生乔砧红富士，株行距4米×5米，中庸健壮，果园管理水平较高；绥中县试验园位于李家乡铁厂堡村，地处辽西走廊，水平梯田，棕壤土，26年生乔砧红富士，株行距3米×4米，树形为基部三主枝半圆形，中庸健壮，灌溉、排水便利，管理水平较高；富平试验园位于该县梅家坪镇庙沟村，丘陵地带，果园海拔约730米，中壤黄土，15年生新世界，株行距2米×3.5

米，树形为矮化纺锤形，中庸健壮，生草制，灌溉、排水便利，管理水平较高；富平试验园位于该县流曲镇流曲村，地处关中平原地带，海拔550米，15年生粉红女士品种，株行距2米×3米，树形为矮化纺锤形，中庸健壮，生草制，灌溉、排水便利，管理水平较高。

　　文登和绥中试验园选用的育果袋为"小林"牌双层纸袋；富平两个试验园选用的育果袋为"鸿泰"牌双层纸袋。

　　2．试验设计　采用Z形方法选择生长发育中庸健壮的植株，单株小区，5次重复，每株树套30个果实（图3-21），每个处理共150个果。整个试验果袋要求一天内套完（图3-22）。套（除）袋时期（图3-23）和配套栽培措施同当地一致。试验套袋和除袋时间见表3-1，每个处理中随机选取30个果实（图3-24）调查日烧果率、黑点病果率、苦痘病果率、果实着色指数和果面光洁度指数，测定果实单果重、果实硬度、可溶性固形物含量、有机酸含量和维生素C含量。

图3-21　准备套袋果实

图3-22　试验套袋

图3-23 试验果除袋

图3-24 试验果采收

表3-1 不同苹果品种套（除）袋时期处理表

纸袋	处理	套袋时间（落花后天数）	除袋时间（果实采摘前天数）
	I	33 天	7 天
	II	33 天	14 天
	III	33 天	21 天
	IV	40 天	7 天
小林	V	40 天	14 天
	VI	40 天	21 天
	VII	47 天	7 天
	VIII	47 天	14 天
	IX	47 天	21 天
	CK	不套袋	

3. 测定方法 同第二章三（三）。

（二）结果与分析

1. **不同套（除）袋时期对红富士果实病果率的影响**　由表3-2可知，从日烧看，文登试验点，各处理都不同程度出现日烧现象，处理Ⅳ（落花后40天套袋，采摘前7天除袋）最为严重，高达11.7%，最轻为处理Ⅷ（落花后47天套袋，采摘前14天除袋）。在绥中试验点，只有处理Ⅴ（落花后40天套袋，采摘前14天除袋）出现日烧现象，其他处理无日烧现象；整体上看，同一除袋时间，套袋时间晚，日烧现象轻；同一套袋时间，除袋时间早，日烧现象轻。从黑点病果率来看，文登试验点，处理Ⅵ和Ⅶ最轻，处理Ⅱ和Ⅲ最重，整体上看，同一除袋时间，套袋越早，黑点病的发生率越低，同一套袋时间，不同除袋时间对黑点病产生的影响不完全一致，但差异不明显。绥中试验点各处理均没有黑点病发生。从苦痘病果率来看，在不同试验点和不同处理的影响没有规律性，说明套（除）袋时间对苦痘病果率影响不大。

2. **不同套（除）袋时期对红富士果实着色指数、光洁度指数和单果重的影响**　由表3-2可知，从果实着色指数看，文登试验点，处理Ⅴ和Ⅵ的着色指数较高，分别为84.0%和96.0%，处理Ⅰ和Ⅳ的着色指数较低，分别为39.3%和52.7%；绥中试验点，处理Ⅵ和Ⅳ的着色指数较高，分别为97.3%和98.7%，处理Ⅲ和Ⅷ的着色指数较低，分别为81.3%和82.7%。

从光洁度指数来看，文登试验点，处理Ⅰ和Ⅷ的光洁度指数较高，分别为93.3%和87.7%，处理Ⅵ的光洁度指数较低，为68.9%；绥中试验点，处理Ⅱ和Ⅳ的光洁度指数较高，均为95.5%，处理Ⅷ的光洁度指数较低，为77.8%（图3-25、图3-26）。

图3-25　套袋红富士果

图3-26　套袋红富士园

从单果重来看，文登试验点，处理Ⅰ和Ⅳ的单果重较高，分别为263.1克和258.9克，处理Ⅱ和Ⅶ的单果重较低，分别为210.8克和197.5克；绥中试验点，处理Ⅲ和Ⅴ的单果重较高，分别为238.6克和244.0克，处理Ⅳ和Ⅷ的单果重较低，分别为183.3克和175.3克。

表3-2　不同套（除）袋时期对红富士苹果外观品质的影响

| 试验地点 | 处理 | 病果率（%） | | | 着色指数（%） | 光洁度指数（%） | 单果重（克） |
		日烧病	黑点病	苦痘病			
文登市	Ⅰ	8.4	11.5	6.1	39.3	93.3	263.1
	Ⅱ	1.6	14.5	0.0	79.3	83.3	210.8
	Ⅲ	4.1	14.9	2.7	70.7	82.2	237.4
	Ⅳ	11.7	6.5	0.0	52.7	82.2	258.9
	Ⅴ	6.9	5.9	0.0	84.0	74.4	229.7
	Ⅵ	1.7	1.7	0.0	96.0	68.9	234.9
	Ⅶ	4.7	1.9	1.9	58.0	81.1	197.5
	Ⅷ	0.7	3.6	0.7	76.0	87.7	229.6
	Ⅸ	0.9	3.5	5.3	78.7	85.6	254.6
	CK	2.0	0.0	0.0	74.7	33.3	236.5

（续）

试验地点	处理	病果率（%）			着色指数（%）	光洁度指数（%）	单果重（克）
		日烧病	黑点病	苦痘病			
	I	—	—	—	—	—	—
	II	0.0	0.0	0.0	91.3	95.5	227.3
	III	0.0	0.0	0.0	81.3	93.3	238.6
	IV	0.0	0.0	6.7	97.3	95.5	183.3
绥中县	V	6.7	0.0	26.7	92.0	92.2	244.0
	VI	0.0	0.0	13.3	98.7	84.4	212.7
	VII	0.0	0.0	20.0	88.0	84.4	210.5
	VIII	0.0	0.0	0.0	82.7	77.8	175.3
	IX	0.0	0.0	0.0	96.7	80.0	196.7
	CK	0.0	0.0	0.0	96.0	40.0	247.0

3．不同套（除）袋时期对红富士果实硬度和可溶性固形物的影响 由表3-3可知，从果实硬度看，文登试验点，处理Ⅴ和Ⅶ果实硬度较高，分别为9.0千克/厘米^{2}和8.9千克/厘米^2，处理Ⅰ果实硬度最低，为8.0千克/厘米^2；绥中试验点，处理Ⅴ果实硬度最高，为13.3千克/厘米^2，处理Ⅷ的果实硬度最低，为11.6千克/厘米^2。从可溶性固形物看，文登试验点，处理Ⅱ可溶性固形物含量最高，为15.0%，处理Ⅰ和Ⅷ可溶性固形物含量较低，分别为12.5%和11.9%；绥中试验点，处理Ⅸ可溶性固形物含量最高，为12.9%，处理Ⅳ可溶性固形物含量最低，为10.4%。

表3-3 不同套（除）袋时期对红富士苹果内在品质的影响

试验地点	处理	果实硬度（千克／厘米^2）	可溶性固形物（%）	每100克含有机酸（克，以鲜重计）	每100克含维生素C（毫克，以鲜重计）
文登市	I	8.0	12.5	0.23	3.5
	II	8.5	15.0	0.24	3.4
	III	8.6	14.4	0.18	3.8
	IV	8.6	13.8	0.27	2.5

（续）

试验地点	处理	果实硬度（千克／厘米²）	可溶性固形物（%）	每100克含有机酸（克，以鲜重计）	每100克含维生素C（毫克，以鲜重计）
文登市	V	9.0	14.4	0.34	2.1
	VI	8.3	13.9	0.24	2.9
	VII	8.9	13.3	0.23	3.0
	VIII	8.7	11.9	0.23	2.0
	IX	8.3	13.0	0.29	2.5
	CK	8.6	14.8	0.23	4.7
绥中县	I	—	—	0.11	0.9
	II	12.9	12.5	0.22	0.7
	III	12.9	11.5	0.14	0.6
	IV	12.2	10.4	0.21	1.2
	V	13.3	12.3	0.20	1.2
	VI	12.5	12.1	0.17	0.5
	VII	12.7	12.5	0.21	0.4
	VIII	11.6	11.0	0.20	1.1
	IX	12.1	12.9	0.17	0.9
	CK	12.7	14.0	0.17	1.1

4．不同套（除）袋时期对红富士果实有机酸和维生素C的影响　由表3-3可知，从果实有机酸看，文登试验点，处理V和IX的每100克的有机酸含量较高，分别为0.34克（以鲜重计）和0.29克（以鲜重计），处理III的每100克的有机酸含量最低，为0.18克（以鲜重计）；绥中试验点，处理II的每100克的有机酸含量最高，为0.22克（以鲜重计），处理I和III的每100克的有机酸含量较低，分别为0.11克（以鲜重计）和0.14克（以鲜重计）。从维生素C看，文登试验点，处理III的每100克的维生素C含量最高，为3.8毫克（以鲜重计），处理V和VIII每100克的维生素C含量较低，分别为2.1毫克（以鲜重计）和2.0毫克（以鲜重计）；绥中试验点，处理IV和V的每100克的维生素C含量较高，均为1.2毫克（以鲜重计），处理VI和VII的每100克的维生素C含量较低，分别为0.5毫克（以鲜重计）和0.4毫克（以鲜重计）。

5. 不同套（除）袋时期对新世界果实内在品质的影响　由表3-4可知，从病果率调查结果看，只有处理Ⅱ、Ⅷ和Ⅸ出现日烧现象，其他处理均无日烧现象；从黑点病果率看，处理Ⅸ最轻，处理Ⅷ最重，说明同一除袋时间，套袋越早，黑点病的发生率越高；从苦痘病果率看，处理Ⅴ和Ⅵ较高，分别为16.7%和10.0%，其他处理差距不明显。

从着色指数看（图3-27），处理Ⅶ着色指数最高，为78.0%，处理Ⅳ着色指数最低，为44.7%；从光洁度指数看，处理Ⅱ光洁度指数最高，为98.9%，处理Ⅷ和CK光洁度指数最低，分别为84.4%和75.6%，但不同处理间差距不明显；从单果重来看，处理Ⅳ单果重最高，为242.3克，处理Ⅵ的单果重最低，为193.9克。

图3-27　套袋新世界果

表3-4　不同套（除）袋时期对新世界苹果外观品质的影响

处理	病果率（%）			着色指数（%）	光洁度指数（%）	单果重（克）
	日烧病	黑点病	苦痘病			
Ⅰ	0.0	53.3	0.0	60.7	94.4	215.1
Ⅱ	6.7	40.0	0.0	64.0	98.9	219.9
Ⅲ	0.0	46.7	3.3	63.3	94.4	211.7
Ⅳ	0.0	40.0	3.3	44.7	93.3	242.3
Ⅴ	0.0	36.7	16.7	64.7	96.7	202.8
Ⅵ	0.0	30.0	10.0	66.0	96.7	193.9
Ⅶ	0.0	33.3		78.0	93.3	215.5
Ⅷ	6.7	63.3	3.3	64.0	84.4	212.7
Ⅸ	6.7	26.7	6.7	61.3	87.8	200.7
CK	0.0	13.3	3.3	64.7	75.6	219.5

6.不同套（除）袋时期对新世界果实内在品质的影响　由表3-5可知，从果实硬度看，处理Ⅶ果实硬度最高，为10.2千克/厘米²，处理Ⅳ果实硬度最低，为8.4千克/厘米²。从可溶性固形物看，处理Ⅶ和Ⅸ可溶性固形物较高，分别为16.0%和16.3%，处理Ⅱ可溶性固形物最低，为13.3%。

从果实有机酸看，各处理有机酸含量差异不明显，没有明显的变化规律。从维生素C看，各处理维生素C含量均明显小于对照，处理Ⅷ的每100克的维生素C含量最高，为5.6毫克（以鲜重计），处理Ⅱ的每100克的维生素C最低，为2.0毫克（以鲜重计）。

表3-5　不同套（除）袋时期对新世界苹果内在品质的影响

处理	果实硬度（千克／厘米²）	可溶性固形物（％）	每100克含有机酸（克，以鲜重计）	每100克含维生素C（毫克，以鲜重计）
Ⅰ	9.40	14.60	0.36	3.80
Ⅱ	9.20	13.30	0.36	2.00
Ⅲ	8.90	13.80	0.31	3.30
Ⅳ	8.40	13.70	0.30	2.90
Ⅴ	9.10	14.50	0.35	3.70
Ⅵ	9.10	15.30	0.36	3.40
Ⅶ	10.20	16.00	0.33	3.00
Ⅷ	8.90	14.90	0.36	5.60
Ⅸ	9.60	16.30	0.37	2.40
CK	9.10	15.80	0.37	11.70

7.不同套（除）袋时期对粉红女士果实外在品质的影响　由表3-6可知，从病果率调查结果看，只有处理Ⅱ和Ⅳ出现日烧现象，其他处理均无日烧现象；从黑点病果率看，处理Ⅰ和Ⅷ没有黑点病发生，处理Ⅱ最重，为13.3%；从苦痘病果率看，处理Ⅲ、Ⅴ和Ⅷ出现黑点病，其他处理均未发生。

表3-6　不同套（除）袋时期对粉红女士苹果外观品质的影响

处理	病果率（%）			着色指数（%）	光洁度指数（%）	单果重（克）
	日烧病	黑点病	苦痘病			
I	0.0	0.0	0.0	95.3	48.9	159.5
II	3.3	13.3	0.0	99.3	48.0	124.0
III	0.0	6.7	3.3	96.0	63.3	170.5
IV	3.3	3.3	0.0	90.0	48.9	129.0
V	0.0	6.7	6.7	96.0	34.4	126.0
VI	0.0	3.3	0.0	98.7	40.0	154.0
VII	0.0	3.3	0.0	100.0	35.6	150.4
VIII	0.0	0.0	6.7	98.7	42.2	143.0
IX	0.0	3.3	0.0	98.0	33.3	145.5
CK	0.0	3.3	3.3	78.7	33.3	144.9

　　从着色指数看（图3-28、图3-29），各处理着色指数均高于对照，处理VII着色指数最高，为100.0%，各处理的着色指数最大差值为4.7%，差异不明显；从光洁度指数看，处理I至处理VIII光洁度指数均高于对照和处理IX，处理III光洁度指数最高，为63.3%，其他处理间光洁度指数差异不明显；从单果重来看，处理I和VI的单果重较高，分别为159.5克和150.4克，处理II单果重最低，为124.0克。

图3-28　套袋粉红女士果

图3-29 套袋粉红女士园

8. 不同套（除）袋时期对粉红女士果实内在品质的影响 由表3-7可知，从果实硬度看，处理Ⅰ至处理Ⅳ和处理Ⅵ至处理Ⅸ果实硬度均高于对照，处理Ⅴ最低，较对照小0.2千克/厘米^2，处理Ⅱ果实硬度最高，较对照高1.8千克/厘米^2；从可溶性固形物看，各处理可溶性固形物含量均小于对照，处理Ⅰ可溶性固形物最低，较对照低2.3%，其他处理差距不明显。

表3-7 不同套（除）袋时期对粉红女士苹果内在品质的影响

处理	果实硬度 （千克／厘米^2）	可溶性固形物 （%）	每100克含有机酸 （克，以鲜重计）	每100克含维生素C （毫克，以鲜重计）
Ⅰ	11.20	13.40	0.53	1.40
Ⅱ	11.90	15.20	0.55	3.10
Ⅲ	11.00	14.80	0.53	1.70
Ⅳ	10.70	14.60	0.43	2.20
Ⅴ	9.90	15.30	0.48	2.10
Ⅵ	10.30	14.90	0.47	1.80
Ⅶ	10.80	15.20	0.63	2.20
Ⅷ	10.80	14.80	0.51	3.00
Ⅸ	11.00	15.40	0.71	5.60
CK	10.10	15.70	0.69	6.80

从果实有机酸看，处理Ⅸ的每100克的有机酸含量最高，较对照高0.02克（以鲜重计），其他处理均小于对照，但差距不明显；从维生素C看，各处理的每100克的维生素C含量均明显小于对照，各处理间处理Ⅸ的每100克的维生素C含量最高，为5.6毫克（以鲜重计），处理Ⅰ的每100克的维生素C含量最低，为1.4毫克（以鲜重计）。

（三）结论

不同套（除）袋时期对套袋红富士和粉红女士果实的影响试验表明，套袋越早，光洁度指数、可溶性固形物含量越高；套袋晚，果实硬度增加且苦痘病发生程度减轻；早套袋和晚套袋都不利于果实着色；而不同套袋时间对单果重影响不大；除袋越早，着色指数和可溶性固形物含量越高；除袋越晚，果实光洁度越高，果肉硬度、单果重、苦痘病发生情况与除袋时间关系不明显；综合考虑果品质量的主要指标，认为落花后40天左右套袋、采果前14天左右除袋较为适宜。对新世界苹果的试验表明，各项指标的变化规律同上述两个品种一致，但该品种在当地适宜的套袋时间为花后47天，适宜的除袋时间为采收前7天。

第四章

高效土肥水管理技术

进行有袋栽培，更需要改变目前的果园清耕、氮肥施入过多而有机肥施入不足、大水漫灌等栽培方式，实施高效、精准土肥水管理技术。

一、高效土壤管理

高效土壤管理方面，主要是改变目前大多数果园进行清耕（图4-1）的栽培模式，实施果园土壤深翻熟化和果园覆盖，改善果园土壤结构和提高有机质含量。

图4-1　清耕果园

（一）深翻熟化

果园深翻可加深土壤耕作层，改善土壤中水、肥、气、热条件，为根系生长创造条件，使树体健壮、新梢长、叶色浓。具体深翻时期、深度和方式等与普通果园基本一致。

（二）果园覆盖和生草

1.果园覆盖

（1）覆草　在草源充足的地方，对山地、旱地、薄地果园，实行树盘或树带或全园覆草或秸秆（图4-2、图4-3），具有扩大根系分布范围、保持土壤养分、稳定土温、改善透气性、增进微生物活动、增加有效养分、防止杂草生长、防止土壤泛碱和保持水土等作用，特别是由于草下无光，杂草不再生长，而且覆草腐烂以后，表土有机质大幅度增加，土壤结构明显改善，是一种投资少、见效快、简便易行的土壤管理方法。

图4-2　果园覆草

图4-3　果园覆秸秆

（2）覆膜　是使用农用塑料薄膜覆盖树盘或树行（图4-4），可有效提高并稳定土温、保持土壤水分、增加土壤有效养分，同时增产显著。

（3）其他覆盖　主要是覆盖有机物（图4-5）、花生壳（图4-6）和沙（图4-7）等。

图4-4　果园覆膜

图4-5　覆盖有机物

图4-6　覆盖花生壳

图4-7　覆盖沙

2.**果园生草**　果园生草就是在果园内种植对果树生产有益的草。果园生草在美国、日本及欧洲一些果树生产发达国家早已普及，并成为果园科学化管理的一项基本内容，而我国传统的果园耕作制度由于强调清耕除草，故导致了果园投入增加，生态退化，地力、果实品质下降。目前国家提倡有条件的果园实行"果园生草制"，所谓"果园生草制"，就是在果树的行间种植豆科或禾本科草种，每年定期刈割，覆盖树盘的一种现代化的土壤管理制度。实行果园生草制的主要优点，一是防止果园水土流失，二是全部靠草肥解决了土壤有机肥料，减少了从果园外搬运大量有机肥料的人力物力消耗，三是常年生草覆盖，土壤温度、湿度、透气性趋向平衡，有利于土壤微生物的繁殖生长，促进了土壤微生物的良性循环（图4-8至图4-13）。

图4-8　幼龄果园生草

图4-9　果园自然生草

图4-10   果园种三叶草

图4-11   果园生草（刈割前）

图4-12   果园生草（刈割）

图4-13 果园生草（刈割后）

二、平衡施肥和新型肥料应用

有袋栽培果园由于苹果套袋后果实含糖量下降，在大量施用有机肥的基础上，应增加磷、钾肥和中微量元素肥料的施用，结合测土配方行动，针对不同果园现状，进行平衡施肥，同时加大控释肥等新型肥料的应用。

（一）平衡施肥

1. **早施多施基肥** 苹果施基肥以秋施为最好（落叶前1个月），其次是落叶至封冻前，以及春季解冻至发芽前。一般早熟品种在采果后施用，中晚熟品种在采果前后施用，宜早不宜迟。秋季气温高，雨量多，有充足的时间使肥料分解腐熟；同时此时叶片功能尚未衰退，有较强的光合功能，制造的养分可回流到根中，此时正值果树根系生长的第二三次高峰，且断根容易愈合，并生出大量的分生根和吸收根，有利于根系吸收，增加树体的营养水平。树体较高的营养贮备和早春土壤中养分的及时供应，可以满足春季发芽展叶、开花坐果和新梢生长的需要。而落叶后和春季施基肥，肥效发挥作用的时间晚，对果树早春生长发育的作用很小，等肥料被大量吸收利用时，往往就到了新梢的旺长期。山区干旱又无水浇条件的果园，因施用基肥后不能立即灌水，所以，基肥也可在雨季趁墒施用。有机肥的施肥量，一般要达到"千克果千克肥"的标准；施用方法、区域和普通果园基本一致。在秋施基肥的同时，多施入磷肥、钾肥和钙肥、镁肥等，以确保套袋果内品质的提高（图4-14、图4-15）。

图4-14　果园撒施有机肥

图4-15　果园沟施有机肥

2.合理追肥　要因树施肥，旺长树应避开新梢旺长期，提倡春梢和秋梢停长期追肥，肥料应注重磷钾肥；衰弱树应在旺长前追施速效肥，以氮为主，有利于促进生长；结果壮树应注重高产优质，维持树势健壮，在萌芽前以氮为主，有利于发芽抽梢、开花坐果，果实膨大期追肥以磷钾为主，配合氮肥，加速果实增长，促进增糖增色。

根据苹果各个生长时期需肥特点，全年一般分为3个关键追肥时期（图4-16），追肥种类多以速效性肥料为主。一是花前肥（萌芽肥），在3月下旬至4月初进行，主要满足萌芽、开花、坐果及新梢生长对养分的需要，以速效氮肥为主；二是坐果肥（新梢速长肥），在5月下旬至6月上

图4-16　追　肥

旬进行，主要目的是促进花芽分化，提高坐果率，有利增大果个，以氮磷钾三元复合肥为主；三是果实速长肥，一般在7月下旬至8月下旬追施，能促发新根，提高叶片功能，增加单果重，提高等级果率和

产量，充实花芽及树体营养积累，提高树体抗性，为来年打好基础，以施磷钾肥为主。整个生长季还要根据树体营养状况进行中微量元素的施用。

3.叶面喷肥　叶面喷肥可以不受新根数量多少和土壤理化特性等因素的干扰，直接进入枝叶中，有利于更快地改变树体营养状况，且养分的分配不受生长中心的限制，分配均衡，有利于树势的缓和及弱势部位的促壮。另外，根外追肥还可用于补充钙、锌、铁、硼等元素，以更好促进果实生长和品质提高。

苹果套袋后，果实含糖量下降，生长季节和采收前喷布外源物质，包括叶面微肥、植物生长调节剂、外源糖等，都可不同程度提高果实糖含量。生产中为减轻或防止苦痘病的发生，在套袋前2周、前4周和采收前4周各喷布1次氨基酸钙液体肥具有良好效果；生长季前半期，以喷氮为主，生长季后半期，以喷磷、钾为主，花期以喷氮、硼（0.2%～0.3%）、光合微肥为主，均可以有效促进树体和果实生长。

（二）新型肥料应用

1.控释肥的应用　近年来，随着我国控释肥产业化的不断发展，具有增产增效、节能环保、省工省力等特点的缓控释肥（图4-17）在苹果等果树上逐步应用，在一些地方已成了果农施肥的首选。

图4-17　控释肥颗粒

（1）控释肥概念　就是以各种调控机制使其养分最初释放延缓，根据作物需求，控制肥料养分的释放量和释放速度，从而保持肥料养分的释放与作物需求相一致，从而达到提高肥效的目的。目前常见的控释肥是包膜肥料，即在传统速效肥料颗粒的外面包一层膜，通过膜上的微孔控制膜内养分扩散到膜外的速率，从而按照设定的释放模式（释放率和持续有效释放时间）与作物养分的吸收相同步。

（2）控释肥释放原理　控释肥释放原理是肥料中的养分从固态变成液态的过程中，其释放的速率与作物吸收养分的规律相吻合，这样作物吸收养分多的时候，就释放的多，少的时候就释放的少，极大限度地提高了肥料的利用率。当肥料施入土壤后，土壤水分从膜孔进入，溶解了一部分养分，然后通过膜孔释放出来，当温度升高时，植物生长加快，养分需求量加大，肥料释放速率也随之加快；当温度降低时，植物生长缓慢或休眠，肥料释放速率也随之变慢或停止释放。另一方面，作物吸收养分多时，肥料颗粒膜外侧养分浓度下降，造成膜内外浓度梯度增大，肥料释放速率加快，从而使养分释放模式与作物需肥规律相一致，使肥料利用率最大化（图4-18至图4-22）。

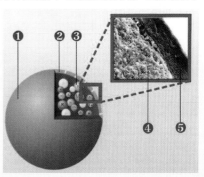

图4-18　控释肥的结构

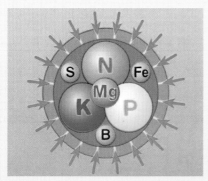

图4-19　土壤中的水分通过控释肥的包膜渗透到颗粒内部

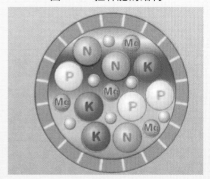

图4-20　养分在包膜内由固态逐渐溶为易吸收的液态

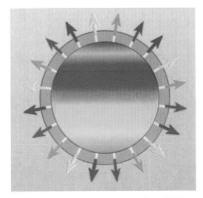

图4-21 液态的养分透过包膜缓
慢地释放到土壤中

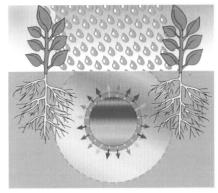

图4-22 释放到土壤中的养分
被作物的根系吸收

(3) 控释肥优点 一是提高了肥料利用率。为防止供肥过剩，肥料养分采用缓慢释放的形式，改变了普通速溶肥料养分供应过于集中的特点，减少了营养元素的损失；与普通化肥和复合肥相比，控释肥的养分释放曲线与作物的需求变化曲线更为接近，即利用率更高，因而对作物的生长更为有利。一般控释肥利用率可提高10%～30%。二是提高了作物产量和质量。控释肥肥效长期、稳定，能源源不断地供给农作物在整个生长期对养分的需求，比常规施肥技术每667米²产量增加10%～25%。三是减少了施肥的数量和次数，节省施肥劳动力，节约成本。在目标产量相同的情况下，使用控释肥料比传统肥料可减少10%～40%用量；大多数作物控释肥只需进行一次施肥，不需再次追肥，可有效降低劳动成本。四是消除了化肥淋、退、挥发、固定的问题，减轻了施肥对环境的污染。控释肥提高了肥料利用率，有效减少养分被蒸发、渗入地下或流入河流，减轻化肥面源污染，提高土壤肥力。五是有效节约了能源。

(4) 控释肥使用注意事项 一是肥料种类的选择。目前缓控释肥根据不同控释时期和不同养分含量有多个种类，不同控释时期主要对应于作物生育期的长短，不同养分含量主要对应于不同作物的需肥量，因此施肥过程中一定要有针对性地选择施用。二是施用时期。缓控释肥一定要作基肥或前期追肥施用。三是施用量。建议农作物单位面积缓控释肥的用量按照往年施肥量的80%进行施用，需注意的是农民朋友要根据不同目标产量和土壤条件相应适当增减。

（5）应用效果及科学使用技术　苹果使用控释肥后，树势强壮，叶片浓绿较厚；果实较大，均匀，颜色鲜亮（图4-23）；结果多，产量提高；在部分树种上果实硬度、可溶性固形物含量、维生素C含量等

图4-23　应用控释肥苹果结果状

提高，品质提高明显。一般在离树干1米左右的地方呈放射状或环状沟施，深20～40厘米，近树干稍浅，树冠外围较深，然后将控释肥施入后埋土。应根据控释肥的释放期，决定追肥的间隔时间。一般情况下，结果果树每株0.5～1.5千克，每667米^{2}未结果树50千克。

2. 中微量元素肥的应用　相对于氮、磷、钾3种大量元素，硅、钙、镁、硫4种被列入中量元素（植物中含量为0.1%～0.5%），锌、硼、锰、钼、铜、铁、氯7种被列入微量元素（植物中含量为0.2～200毫克/千克），在农业生产中上述11种元素通常被称为中微量元素。中微量元素大多是植物体内促进光合作用、呼吸作用以及物质转化作用等的酶或辅酶的组成部分，在植物体内非常活跃。作物缺乏任何一种中微量元素时，生长发育会受到抑制，导致减产和品质下降，严重的甚至绝收。

（1）硅　硅缺乏时，作物茎和秆生长软弱，容易被病菌侵蚀。硅可以提高作物的光合作用，增强根系活性，增强抗病能力，提高抗逆能力，抑制蒸腾作用，提高作物产量和改善品质等。

主要硅（钙）肥品种及使用方法：①熔渣硅钙肥，国内外目前施用的硅钙肥大多为炼钢炼铁的副产品高炉熔渣经过机械磨细（过100

目筛）而成的熔渣硅钙肥，该种硅钙肥的有效硅含量与细度有关，熔渣硅钙肥为缓效性硅钙肥，一般作基肥施用。②高效硅素化肥，该种硅钙肥为全水溶性白色粉末状，为过二硅酸钠和偏硅酸钠的混合物，不含其他副成分，水溶性 SiO_2 含量 50% ～ 56%。每 667 米² 用量为 6 千克，可作基肥与追肥施用。③新型高效硅钙肥，其原料一般是炼钢炼铁的副产品高炉熔渣，有效硅（SiO_2）含量 > 20%，有效 CaO 含量 > 20%，有效 MgO 含量 5% ～ 10%，此外还含有 P、S、K 和其他有效态的微量元素，每 667 米² 用量为 10 ～ 30 千克，成本低，效果较好，该种硅钙肥适宜作基肥。

（2）钙　钙缺乏时，植株生长受阻，节间较短，较正常矮小，而且组织柔软；植株顶芽、侧芽、根尖等分生组织容易腐烂死亡，幼叶卷曲畸形，或从叶缘开始变黄坏死；果实生长发育不良。钙可以降低果实吸收作用，增加果实硬度，使果实耐贮，减少腐烂，提高维生素 C 含量（图 4-24）。

图 4-24　缺钙症状

主要钙肥品种及使用方法：①石灰（生、熟石灰），由于大多数缺钙土壤都是酸性的，所以施石灰是一种十分有效的方法，一般黏土每 667 米² 75 ～ 125 千克，壤土每 667 米² 50 ～ 75 千克、沙土 25 ～ 50 千克。②石膏（包括磷石膏），当土壤 pH 较高，不需施石灰时，施石膏也能供给钙，施肥量可参照石灰。③过磷酸钙、钙镁磷肥，过磷酸钙含石膏 50%，钙镁磷肥也含有钙，它们也都能给土壤补钙，由于它们是磷肥，施肥量由磷来决定。④硝酸钙、氯化钙，钙在植物体内较难移动，所以一般采用叶面追施，常用的有硝酸钙、氯化钙，一般在花后、果实膨大期按 1% ～ 2% 浓度喷施。

（3）镁　镁缺乏时，植株矮小，生长缓慢，先在叶脉间失绿，而叶片仍保持绿色，以后失绿部分逐步由淡绿色转变为黄色或白色，还

图4-25　缺镁症状

会出现大小不一的褐色、紫红色斑点、条纹，症状在老叶，特别是老叶叶尖先出现。镁可以促进树体的光合作用，促进蛋白质的合成，提高果树的产量和改善果品的品质（图4-25）。

主要镁肥品种及使用方法：①钙镁磷肥、硫酸钾镁，钙镁磷肥、硫酸钾镁都含有镁，它们也都能给土壤补镁，由于它们分别是磷肥、钾肥，所以施肥量由磷、钾来决定。②（七水）硫酸镁，叶面喷施一般选（七水）硫酸镁，浓度为1%～2%。

（4）硫　硫缺乏时，果树生长受到阻碍，植株矮小瘦弱，叶片退绿或黄化，茎细、僵直，分枝少，与缺氮有点相似，但缺硫症状首先从幼叶出现（图4-26）。硫可以提高蛋白质含量，改善果品质量，并能增强果树的御寒和抗旱能力。

主要硫肥品种及使用方法：①硫酸铵、硫酸钾、硫酸钾镁、过磷酸钙，上述肥料都含硫，一般以主养分确定用量。②硫黄、石膏、磷石膏，具有改良盐碱的作用，一般按压碱的效果确定用量。③包硫尿素、包硫缓释肥，包硫尿素、包硫缓释肥也都含硫，可适当应用。

图4-26　缺硫症状

（5）铁　铁对叶绿素的合成、叶绿体的构造起着重要作用，并且它还是与光合作用有关的铁氧还蛋白的重要成分。铁在植物体内不易移动，缺铁最明显的症状是幼芽首先发黄，甚至变为黄白色，但下部叶片仍为绿色，发黄叶片最终叶脉也会变黄，叶尖和叶片两侧中部出现焦褐斑（图4-27）。

图4-27 缺铁症状

主要铁肥品种及使用方法：①绿矾（七水硫酸亚铁），绿矾含铁16.5%～18.5%，基肥每667米²5～10千克加水。②螯合铁（EDTA-Fe），螯合铁含铁14%，易溶于水，易被作物吸收，肥效比无机铁高，喷施浓度可以比绿矾适当降低。

（6）锌 锌是合成生长素前身——色氨酸的必需元素，缺锌生长素不能合成，导致植物生长受阻，最典型的症状是果树的"小叶病"（图4-28）。

主要锌肥品种及使用方法：七水硫酸锌，作基肥每667米²1千克，叶面喷施2%～3%浓度。

（7）硼 硼与花粉形成、花粉管萌发和受精有密切关系，硼可和糖形成"硼—糖"络合物，有利于糖的运输。缺硼时，授粉受精不良，籽粒减少，形成"花而不实"，果实表面花脸（图4-29）。缺硼根尖、茎尖的生长点停止生长，而侧根侧芽则大量发生，其后侧根侧芽的生长点又死亡，而形成簇生状。

图4-28 缺锌症状

图4-29　果实缺硼症状

主要硼肥品种及使用方法：①硼酸、硼砂，硼酸含硼17.5%，微酸性，易溶于水，硼砂，含硼11.4%，碱性，易溶于热水，基肥每667米² 1～2千克，叶面喷施浓度为0.1%～0.5%，每667米²用肥100～150克。②美国硼肥，持力硼（五水四硼酸钠）含硼15%，适用于基施，每667米²0.5～1千克，速乐硼（无水四硼酸钠）含硼20.5%，适用于叶面喷施浓度为0.1%～0.2%。

（8）钼　钼是固氮酶中铁钼蛋白的组成成分，缺钼时，老叶失绿，叶较小，叶脉间失绿，有坏死斑点，边缘焦枯，向内卷曲（图4-30）。

主要钼肥品种及使用方法：①钼酸铵，含钼54%，基肥每平方米1～2千克，叶面喷施浓度为0.1%～0.5%，每667米²用肥100～150克。②钼酸钠，含钼35%，使用方法与钼酸铵相同，使用量比钼酸铵略大。

图4-30　缺钼症状

（9）铜　铜是叶绿体中质体蓝素的组成部分，它对光合作用有重要作用；铜能提高细胞中蛋白质、核蛋白等亲水胶体的含量，提高它们的水合度，增加胶体结合水的能力，从而提高作物抗旱、耐寒能力。植物缺铜时，叶片生长缓慢，呈现蓝绿色，幼叶贫绿，叶尖卷曲，叶片发白，变脆，随之出现枯斑，最后死亡脱落（图4-31）。果树缺铜常发生在碱性土、石灰性土和沙质土地区，大量施用氮肥和磷肥，也可能引起果树缺铜。

主要铜肥品种及使用方法：①波尔多液，结合防病叶面喷施，浓度由防病需要确定。②硫酸铜，在果树上于花后6月底以前喷施0.05％的硫酸铜溶液，基肥每667米² 1～2千克，3～5年施一次。

（10）锰　锰在光合放氧中起重要作用，缺锰光合放氧受到抑制，影响光合作用。锰为形成叶绿素和维持叶绿素正常结构的必须元素，缺锰叶绿素不能形成，叶片贫绿，但叶脉保持绿色，锰能催进多种作物花粉管的伸长。苹果缺锰，叶脉间开始变黄，最后只剩下绿色叶脉，但健壮幼芽受到影响较小（图4-32）。

苹果树缺铜枝条

叶片铜含量

顶端叶片扭曲，部分坏死　　3～6毫克/千克

图4-31　缺铜症状

苹果树缺锰症

图4-32　缺锰症状

主要锰肥品种及使用方法：①（三水）硫酸锰，含锰27%，基肥每667米^2 1～2千克，叶面喷施浓度为0.1%～0.5%，667米^{2}约用肥300克。②氯化锰、碳酸锰，氯化锰含锰17%，碳酸锰含锰31%，用量参照硫酸锰适量增减。

三、水分调控

水对调节树体温度、土壤空气、营养供应等都有重要作用，进行适宜水分调控是促进树体生长、果实生长和提高果实品质的重要技术措施。

（一）灌水

判断是否需要灌水，主要根据土壤湿度，并掌握在树体未受缺水危害之前进行。苹果生长期最适宜的土壤湿度一般为田间最大持水量的70%～80%，在60%时有利于花芽分化和果实成熟，维持在75%时有利于坐果，超过80%则促进新梢旺长。一般年份苹果树应在萌芽期（或花前）、春梢生长期、果实膨大期、秋施基肥后等时期结合施肥灌水，还要灌封冻水，以保证果树安全越冬。

灌水方法是果园灌水的一个重要环节，受经济条件限制，目前大多数果园还是采取漫灌（图4-33、图4-34）、畦灌、穴灌、沟灌等常用的非机械田间灌溉技术，但随着灌水方法不断改进，有袋栽培的果园应向机械化方面发展，采取渗灌、滴灌（图4-35）、喷灌（图4-36）、微喷等节水灌溉方式，提高灌水效率和效果。

图4-33　果园灌水渠

图4-34 果园大水漫灌

图4-35 果园滴灌

图4-36 果园喷灌

（二）排水

苹果生长后期降水量与果实含糖量呈极显著负相关，特别是9月以后土壤含水量过大会明显影响果实着色和糖分的增加，根据试验，果实成熟前1个月起田间土壤含水量以50%～55%为宜，因此此期不宜漫灌，若降水量过大，要及时排水。

（三）旱作栽培

由于我国70%以上的苹果园都建立在丘陵山地上，水浇条件相对较差，有袋栽培果园对水分有着更高的要求，因此应针对实际，探索并应用果树旱作节水栽培的途径。主要包括以下几个方面，一是选择抗旱砧木，如乔砧中的山定子、西府海棠、新疆野苹果、海棠果等，矮砧中的M7、MM106等比较抗旱；二是加强栽培管理，包括合理密植、合理修剪、合理施肥、果园勤深耕等；三是施用吸湿剂和抗蒸剂；四是进行果园覆盖、果园生草和穴贮肥水等。

第五章

树体调控技术

有袋栽培果园树体调控的原则是采用合理的树形，枝条稀疏，每公顷留枝量120万条左右；通风透光。

一、合理树形

生产中常用的树形有纺锤形（包括自由纺锤形、细长纺锤形、改良纺锤形）和小冠疏层形等。无论何种树形，凡能丰产的树体结构，必须做到树体骨架牢固，主枝角度开张，枝系安排主次分明，上下内外风光通透，结果枝组健壮丰满，分布均匀，有效结果体积在80%以上。

（一）自由纺锤形

自由纺锤形属中小冠树形，自由纺锤形定干高度80厘米左右，特别粗壮的苗木也可不定干，这样发枝分散，不受剪口刺激，利于选留主枝。栽植密度越大，定干越高。在中央领导干上按一定距离（15～20厘米）或成层分布10～15个伸向各方的小主枝，其角度基本呈水平状态。随树冠由下而上，小主枝由大变小、由长变短，其上无侧枝，只有各类枝组。树高可达3～3.5米，外观轮廓上小下大，呈阔圆锥形树冠。该树形树体结构比较简单、成形快、易修剪、通风透光，易于管理（图5-1至图5-4）。

1～3年生树，一要注意中干长势，如中干长势过强，可换第二枝作中干，将第一强旺枝疏去，换头后的中干延长枝，不必短截，翌年饱满芽处可发出许多角度大的分枝，顶端能继续延伸；二要注意把选留的主枝拉平，务使基角开张，并长放不剪或轻去头，过强或基角过小的要早疏除；三要注意疏除拉平枝后部靠近主干20～30厘米以内的直立旺枝和徒长枝，延长头前部的直立枝可重短截，三头枝可疏除竞争枝，但尽量减轻冬剪量，以缓和长势，促生短枝。

图5-1　自由纺锤形幼树

图5-2　自由纺锤形树形

第4～5年以后，严格调整中干长势，中干弱的要短截促发壮条，恢复长势，中干过强的要疏除下部的侧生旺枝，缓放不截，控制上强。对中下部培养出的主枝，注意培养枝组，稳定结果，并逐年向外延伸。对占领空间过大，枝轴过粗的强旺枝组，要控制体积，适当回缩；过密的枝组，选留好的，定位定向，余者疏除；过弱的枝组，及时更新复壮。

培养纺锤形，要切实注意：一是搞好从属关系，中干直立，侧枝水平。枝组轴粗不得超过主枝的1/2，主枝轴粗不得超过中干的1/2，主枝轴粗不得超过中干的1/2；二是整个修剪过程中不短截或轻打头，多疏剪；三是尽量减轻冬季修剪量，多用夏季修剪调节；四是树体成形以后，大量结果，对结果枝组要适时回缩更新，交替结果，并注意疏花疏果，合理负载，保证果品质量。

图5-3 自由纺锤形结果树

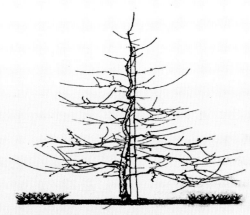

图5-4 自由纺锤形图例

（二）小冠疏层形

小冠疏层形（图5-5、图5-6）这种树形在乔砧密植树上应用，也可在半矮化砧或短枝型品种树上应用。干高50厘米左右，全树5个主枝，分为2层，均匀分布。第一层3个主枝，主枝间水平夹角约120°，第一主枝与第三主枝相距20～30厘米，主枝与中心干的夹角65°左右。每个主枝上培养2个侧枝，第一侧枝距干30厘米左右，第二主枝在第一侧枝对面，与第一侧枝相距20～30厘米。在主枝上直接培养大、中、小型结果枝组。第二层2个主枝，第四主枝与第三主枝相距80～100厘米，第四主枝与第五主枝相距20厘米，开张角度50°～60°，其上可培养1个较小的侧枝或无侧枝，直接培养结果枝组，冠径4米，树高3～3.5米，待大量结果树势稳定后，剪去中心干顶端延伸部分，即为落头开心。

苗木定植后，于地上60厘米饱满芽处定干。当年冬剪时选留出第一层主枝，打出中央领导干。为防止中干上强，中央领导干可适当短截，也可将中干于一层主枝上30～40厘米处弯倒，待弓弯处出枝后再培养领导干，而把弯倒的中干作为辅养枝处理。

图5-5　小冠疏层形结果树

第2～4年，主要是扩大树冠，增加枝叶量。具体做法是，中截或轻截延长枝，缓放其他枝，及早开张好角度，辅养枝可拉平呈90°，缓和生长势，增加短枝数量，为早结果打基础。

第5年以后，树已进入结果期，要有计划地清理辅养枝，分期分批地控制和疏除。树冠接近交头，行间距离不足1米时，主侧枝延长枝不打头，缓放，以果压冠，控制交接。同时继续控制上

图5-6　小冠疏层形图例

强，当树高达3米左右时，及时进行落头开心，改善冠内光照条件。并注意负载合理，防止形成大小年结果现象，维持中庸健壮树势。

二、调控技术

（一）幼树的调控

从苗木定植后到结果初期为幼树期。此期的主要调控任务是选留和培养骨干枝，安排树体骨架，迅速扩大树冠，缓和树势，促使早果丰产优质（图5-7）。

图5-7　苹果幼树

1. **培养好骨干枝，迅速扩大树冠**　定干后结合刻芽促萌尽快促发枝条，增加枝叶量。根据整形的要求，选留配备骨干枝，骨干枝要尽量长留，并选留壮芽。严格控制竞争枝，一般应于疏除。若利用时要进行拿枝开角、环剥，削弱长势，促使早结果。当冠径基本达到要求的大小时，骨干延长枝缓放不短截，以减缓长势，增加中短枝萌发数量。要防止主辅不分，辅养枝要为骨干枝让路，通过夏剪让其早结果。

2. **轻剪缓放，充分利用辅养枝**　除对1～2年生小树因枝量不足而进行短截促条外，都要轻剪、少疏多留枝。这是增加枝量、缓和树势、促进成花结果、实现早期丰产的首要条件。为了扩大树冠，除按要求对主侧枝的延长枝进行短截外，辅养枝疏密后一般甩放不剪，通过拉枝开角，给骨干枝让路，待结果后按实际情况再采用疏、放、缩的方法加以及时处理。随着树冠的扩大，应注意培养结果枝组，并保证冠内通风透光良好。

3. **拉枝开角缓和树势，保证通风透光**　开张骨干枝角度是改善树体结构的关键，主枝角度开张，可保证中心干的优势，缓和树体长势，既有利于通风透光，也有利于成花结果。开张角度的办法主要是拉枝。拉枝较适宜的时期是春季和秋季（9月），拉枝的要求是，"不入地，不钻天，不弓腰，不盘圈，前后理成一条线"，这样才能发挥拉枝的作用。

4. **培养好枝组，为丰产做好准备**　枝组是结果的基本单位。初结果树的果枝，前期主要着生在辅养枝上，后期随着树冠的扩大和树龄的增加，结果枝逐步转移到各级骨干枝的枝组上去。所以在整形修剪中，前期应重点利用辅养枝，在利用辅养枝的同时，逐步通过放、缩、截，培养一定的枝组，为丰产打下基础。培养枝组的方法，一是先放后缩法，即先将枝条缓放不剪，待成花或结果后再回缩培养成枝组，该方法适合于幼树、旺树和修剪反应较敏感的品种。二是先截后放法，即对一年生枝条，按其长势和空间大小进行不同程度的短截，促发分枝后再缓放，或去强留弱再缓放；此法结果较晚，在幼旺树上尽量少用。枝组的安排和分布，一般是背上枝组宜小不宜大，背后枝组宜大不宜小，两侧中小枝组穿插为宜。为了通风透光，枝组各占一定位置，不能互相交接。

（二）盛果期树的调控

盛果期树的调控（图5-8至图5-12）主要是调整生长与结果的关系，达到优质、丰产、稳产、延长盛果期年限的目的。

图5-8 结果枝

图5-9 初结果期树

图5-10 盛果期树（休眠期）

图5-11　盛果期树（生长期）

图5-12　下垂结果枝

1.**解决光照，确保冠内通风透光良好**　把最大数量的叶片摆布在最适光照条件之下，是此期果树整形修剪的基本任务。解决光照首先要拉开主枝（包括大辅养枝）角度，逐步去掉冠内多余的大枝，打开层间，疏除过密的辅养枝或枝组，使枝组不交接，枝枝见光。此期果树延长枝不进行短截，外围枝以疏为主，适当减少外围枝的数量，成为上稀下密，外稀内密，大枝稀小枝密的"三稀三密"树冠。

2.**培养更新复壮枝组**　对过密的辅养枝适当疏除，过稀的培养补空。枝组要及时更新，更新修剪时要注意保留2～3年生的幼龄果枝，更新5年生以上的老果枝，使枝组上的结果枝一般保持在2～4年生的枝龄范围内。枝组要固定位置，明确生长方向，修剪上有缩有放。在枝组布局上，要求内大外小，下大上小，各占一定空间，顺应主枝的方向。

3.**合理调整花枝比例**　盛果期的树要看花修剪，保证枝组健壮，均衡结果。通过修剪调节，使枝组间和枝组内各枝条间轮换结果。要求在同一枝组内，既有一定数量的花芽，又有一定数量的成花预备枝和一定数量的发育枝。在花芽不足的情况下，见花芽就留，尽量保留果枝；当花芽充足时，首先疏除弱枝花芽，选留壮果枝结果；花芽量过多时，还要破掉中长果枝顶花芽，仅留短果枝结果。通过冬季修剪和春季花前复剪的调节，将果枝（花芽）留量占到剪后全树枝量的20%～30%为宜。

（三）衰老树的调控

衰老树由于果品的产量和质量都在下降，所以原则上不宜进行有袋栽培，但若进行，其调控以更新复壮恢复树势为主要目的。原则是大枝轻疏轻缩，少造成伤口；小枝应全面复壮，增强活力。具体技术措施主要包括，一是选好预备枝培养新头，老树修剪基本保持原有骨架不动，在骨干枝的5～6年生部位，选择原有侧枝或新萌生枝作预备枝进行培养，代替原头。二是充分利用背上两侧枝组结果，树体衰老，树冠内膛单轴果枝和背后下垂枝枯死率很高，结果部位转移到背上、两侧枝组及树冠外围结果枝上。为了集中营养，应逐步疏除下垂枝和树冠内衰老细弱的果枝，充分培养利用背上枝结果，更新复壮两侧结果枝组，剪口多留枝上芽，抬高枝条角度，提高结果能力。三是合理利用冠内徒长枝，对于树冠内萌发的徒长枝，除过多者一般不疏除，根据空间大小和芽体饱满程度进行短截，增加枝叶量，培养带头枝或结果枝组。

三、郁密园的调控

目前苹果成龄果园郁密现象严重（图5-13），直接影响树体的生长和果实的产量、质量；对栽植密度过大的果园可采用以下措施进行调控。

图5-13 郁密园

（一）行间郁密的调控

隔株（行）间伐（图5-14），间伐的树可移栽它处，保留的树，根据空间进行适当扩冠，促进不结果的部分恢复结果能力。对于行间的大枝，要及早进行疏缩，今年这一侧，明年另一侧；此时可以先不急于降低树高，待行间留出空挡，树势基本稳定后，再降低树高。降低树高前，要疏除上部大的强分枝，削弱树头，同时疏除行间大抚养枝，回缩主侧枝，1～2年后再落头。保持树高不超过行距，一般在2.5～3米，最高不超过3.5米。

图5-14　郁密园间伐改造

（二）树冠郁密的调控

一是疏枝缩冠（图5-15），即疏除对光照影响大的主枝，如3去1或5去2。同时对外围枝和上部枝适度回缩，枝间留30～50厘米的空隙。二是落头开心，降低树高。锯除1层或2层主枝以上的中干部分，降低树高，使光能从上部射入树体。三是开张骨干枝角度，腰角70°～80°。将骨干枝上过密和无用的徒长枝、小枝组疏除；有用的拉平，培养成中小结果枝组；枝组范围超过50厘米的，用斜生枝为头，缩减枝轴使叶幕间距保持在50～60厘米，同时将影响骨干枝生长的层间抚养枝去除。改变对树冠外围枝"见头就打"的错误做法，枝条过密，宜多疏少截或缓放。在夏季多注意拉平枝条，促进结果，稳定树势（图5-16、图5-17）。

图5-15　郁密园去枝改造

图5-16　郁密园改造后（休眠期）

图5-17　郁密园改造后（生长期）

四、修剪措施对果实品质的影响

研究了拉枝、摘心和扭梢等修剪措施对有袋栽培苹果果实内在品质的影响效应。

（一）材料与方法

1. **供试材料**　试验于2008年6～10月在沈阳农业大学果树教学试验基地进行，果园为棕壤土，通透性良好；供试品种为5年生寒富苹果，树形为自由纺锤形，树势中庸，果园管理水平较高。试验用育果袋为"小林"牌双层纸袋。

2. **试验设计**　试验于2007年秋对寒富苹果进行拉枝处理，选取生长势、负载量较一致的植株，以未拉枝为对照，在每株树的同一方位、同一高度选取基部粗细相当、分枝级别基本相同的主枝进行拉枝处理(90°)。2008年夏季在果台副梢新梢长至15～25厘米，将半木质化部位扭曲180°；在果台副梢新梢长至15～25厘米，留基部3～5厘米摘心，为一次摘心处理，第一次摘心后1个月左右，当二次副梢长到15厘米时进行第二次摘心，为二次摘心处理。试验采取完全随机试验设计，3次重复。果实采收时，每处理随机选取6个果实，用具冰袋的保温箱迅速带回实验室进行相关指标的测定。

3. **测定方法**　可溶性固形物：用WYT型手持折光仪测定；有机酸：NaOH滴定法；维生素C：分光光度法；可溶性糖和淀粉：参照邹琦（1995）的方法。

（二）结果与分析

1. **拉枝对寒富苹果内在品质的影响**　由表5-1可知，套袋和未套袋下拉枝处理提高了果实可溶性固形物、可溶性糖和维生素C含量，分别较对照提高了0.3%和0.5%、0.5克（以100克鲜重的含量计）和0.5克（以100克鲜重的含量计）、0.5毫克（以100克鲜重的含量计）和0.4毫克（以100克鲜重的含量计）；套袋和未套袋下拉枝处理降低了果实淀粉和有机酸含量，分别较对照下降了0.4克（以100克鲜重的含量计）和0.4克（以100克鲜重的含量计）、0.2克（以100克鲜重的含量计）和0.4克（以100克鲜重的含量计）。试验结果表明，拉枝处理（图5-18）有效提高了果实可溶性固形物、可溶性糖、维生素C含量和糖酸比，但降低了淀粉和有机酸含量。

表5-1 拉枝对寒富苹果内在品质的影响

处理		可溶性固形物（%）	每100克含可溶性糖（克，以鲜重计）	每100克含淀粉（克，以鲜重计）	每100克含有机酸（克，以鲜重计）	每100克含维生素C（毫克，以鲜重计）
有袋	拉枝	12.33±0.29bB	5.56±0.11cC	5.77±0.08bB	0.28±0.01bB	6.84±0.25bB
	对照	12.00±0.00bB	5.07±0.11aA	6.18±0.09aA	0.30±0.01bB	6.34±0.29bB
无袋	拉枝	13.83±0.29aA	7.21±0.13aA	5.28±0.11cC	0.31±0.01bB	8.24±0.28aA
	对照	13.33±0.29aA	6.70±0.11bB	5.66±0.06bB	0.35±0.01aA	7.75±0.06aA

注：同列不同小写字母表示0.05水平的差异显著性，同列不同大写字母表示0.01水平的差异显著性，下同。

图5-18 果树拉枝

2.扭梢对寒富苹果内在品质的影响 由表5-2可知，套袋和未套袋下扭梢处理（图5-19至图5-23）提高了果实可溶性固形物和维生素C含量，分别较对照提高了0.1%和0.3%、0.3毫克（以100克鲜重的含量计）和0.3毫克（以100克鲜重的含量计）；套袋下扭梢处理果实可溶性糖含量与对照一致，未套袋下扭梢处理果实可溶性糖含量较对照提高了0.3克（以100克鲜重的含量计）；套袋和未套袋下扭梢处理降低了果实淀粉和有机酸含量，分别较对照下降了0.3克（以100克鲜重的含量计）和0.3克（以100克鲜重的含量计）、0.1克（以100克鲜重的含量计）和0.2克（以100克鲜重的含量计）。试验结果表明，扭梢处理有效提高了果实可溶性固形物、维生素C含量和糖酸比，但降低了淀粉和有机酸含量，未套袋下扭梢处理对提高果实可溶性固形物、可溶性糖、维生素C含量、糖酸比和降低淀粉和有机酸含量效果最明显。

图5-19　疏梢前

图5-20　疏梢后

图5-21　扭梢前

图5-22　扭梢后

图5-23　扭梢效果

表5-2　扭梢对寒富苹果内在品质的影响

处理		可溶性固形物（%）	每100克含可溶性糖（克，以鲜重计）	每100克含淀粉（克，以鲜重计）	每100克含有机酸（克，以鲜重计）	每100克含维生素C（毫克，以鲜重计）
有袋	扭梢	12.33±0.29bBC	5.34±0.03cC	5.56±0.07bB	0.28±0.01bB	6.19±0.18bB
	对照	12.17±0.29bC	5.29±0.04cC	5.89±0.10aA	0.29±0.00bB	5.92±0.10bB
无袋	扭梢	13.83±0.29aA	7.38±0.05aA	5.07±0.10cC	0.31±0.00abAB	7.75±0.22aA
	对照	13.50±0.50aAB	7.09±0.10bB	5.37±0.07bBC	0.33±0.02aA	7.48±0.21aA

3. 摘心对寒富苹果内在品质的影响　由表5-3可知，套袋下，摘心处理（图5-24）提高了果实可溶性固形物、可溶性糖和维生素C含量，二次摘心效果较一次摘心明显，一次摘心和二次摘心可溶性固形物、可溶性糖、维生素C含量分别较对照提高了0.5%和0.9%、0.3克（以100克鲜重的含量计）和0.7克（以100克鲜重的含量计）、0.4毫克（以100克鲜重的含量计）和1.3毫克（以100克鲜重的含量计）；

一次摘心和二次摘心处理均降低了果实淀粉含量，二次摘心效果较一次摘心明显，分别较对照下降了0.4克（以100克鲜重的含量计）和0.5克（以100克鲜重的含量计）；一次摘心处理果实有机酸含量与对照一致，二次摘心处理有机酸含量较对照下降了0.02克（以100克鲜重的含量计）。

图5-24　摘心效果——
　　　　当年形成花芽

表5-3 摘心对寒富苹果内在品质的影响

处理		可溶性固形物（%）	每100克含可溶性糖（克，以鲜重计）	每100克含淀粉（克，以鲜重计）	每100克含有机酸（克，以鲜重计）	每100克含维生素C（毫克，以鲜重计）
有袋	一次摘心	12.83±0.29cdCD	6.19±0.13dD	4.83±0.08dc	0.30±0.01abA	6.56±0.12cCD
	二次摘心	13.17±0.29bcBCD	6.55±0.07cC	4.70±0.06aC	0.28±0.01bA	7.45±0.26bB
	对照	12.33±0.29dD	5.90±0.14eD	5.24±0.06bcB	0.30±0.01abA	6.18±0.18cD
无袋	一次摘心	14.00±0.00aAB	7.24±0.03bB	5.43±0.06bB	0.31±0.01abA	7.70±0.14bB
	二次摘心	14.33±0.29aA	7.97±0.08aA	5.20±0.07cB	0.29±0.00abA	8.59±0.23aA
	对照	13.67±0.29abABC	6.78±0.10cC	5.72±0.08aA	0.32±0.02aA	7.29±0.27bBC

　　未套袋条件下，摘心处理提高了果实可溶性固形物、可溶性糖和维生素C含量，二次摘心效果较一次摘心明显，一次摘心和二次摘心可溶性固形物、可溶性糖、维生素C含量分别较对照提高了0.3%和0.6%、0.4克（以100克鲜重的含量计）和1.2克（以100克鲜重的含量计）、0.4毫克（以100克鲜重的含量计）和1.3毫克（以100克鲜重的含量计）；摘心处理降低了果实淀粉和有机酸含量，二次摘心效果较一次摘心明显，一次摘心和二次摘心淀粉、有机酸含量分别较对照下降了0.3克（以100克鲜重的含量计）和0.5克（以100克鲜重的含量计）、0.1克（以100克鲜重的含量计）和0.3克（以100克鲜重的含量计）。

　　试验结果表明，摘心处理有效提高了果实可溶性固形物、可溶性糖、维生素C含量和糖酸比，但降低了淀粉和有机酸含量，二次摘心处理对提高果实可溶性固形物、可溶性糖、维生素C含量、糖酸比和降低淀粉和有机酸含量效果较一次摘心明显，未套袋下二次摘心处理效果较套袋下明显。

（三）小结

　　修剪对寒富苹果内在品质的影响试验结果表明，拉枝处理、扭梢处理和摘心处理均有效提高了果实可溶性固形物、可溶性糖、维生素C含量和糖酸比，但均降低了淀粉和有机酸含量；二次摘心处理对提高果实可溶性固形物、可溶性糖、维生素C含量、糖酸比和降低淀粉和有机酸含量效果较一次摘心明显。

第六章

花果管理技术

有袋栽培的目的是提高果实品质，在掌握正确的套袋、除袋方法和适宜的套袋、除袋时期的同时，还要采取花期授粉，合理负载，摘叶、转果和垫果，铺反光膜，采收及采后处理等技术措施，还可以结合有袋栽培进行艺术果的生产。

一、花期授粉

有袋栽培更应重视花期（图6-1）授粉，以利于提高套袋成功率；花期授粉包括昆虫授粉和人工授粉。

图6-1　果树花期

（一）昆虫授粉

昆虫授粉的优点一是节省人工授粉所用劳力，授粉周到细致；二是明显提高坐果率，据试验，红富士苹果可提高0.3～2.7倍，金帅苹果可提高0.3～1.4倍，同时生理落果减少1/3左右；三是增大果个，提高产量，红富士苹果平均增重33.8克，产量增长10%～100%，果实端正果率也明显提高；四是减轻霜冻危害，有蜂区平均减轻受冻率40%以上；五是经济效益好，不但增产增质、果品售价高，而且养蜂的产投比为5～7：1，经济效益更好。

目前苹果园中昆虫授粉主要包括蜜蜂授粉和壁蜂授粉（图6-2），据统计研究，1箱具有2万只蜜蜂的蜂群，1天访花总数可达2 400万朵；

1箱蜂平均可完成1公顷苹果园的授粉任务，而且蜜蜂还可以在人工不便达到的树体上部、树梢、株间等部位自由活动传授花粉。壁蜂授粉效果好于蜜蜂，授粉能力是普通蜜蜂的70～80倍，目前在果区应用面积不断扩大，在此重点介绍一下。

图6-2 壁蜂正在授粉

1. 巢管和巢箱的制作

（1）巢管的制作 在放蜂果园按实际放蜂量的2.5～3.0倍备足繁蜂所需芦苇巢管，管长15～16厘米，内径7毫米。用芦苇管时一端要留节，另一端开口，口要平滑（图6-3），并将管口用广告色染成绿、红、黄、白4种

图6-3 切割芦苇管

颜色（图6-4），比例为
30：10：7：3。风干
后把有节一端对齐，50支
一捆，用绳扎紧备用。也
可卷制纸管（图6-5），纸
管内用报纸外用黄板纸或
牛皮纸卷成，管壁厚1～
1.2毫米，按以上比例涂
色，50支一捆，将未涂
色一端对齐，涂上胶水用
一层报纸和一层牛皮纸封
严，胶水用无异味的壁纸
胶。以上两种巢管颜色、
高低不一，错落有致。不
论何种巢管（图6-6），其
内径都应为7毫米左右，
太细，所做花粉团小，幼
虫由于营养不足，发育成
雄蜂较多；太粗，做花粉
团较大，虽发育成雌蜂
多，但繁殖率低。使用专
利技术的塑料巢管一次投
资，多年使用，无毒无
味，无传染病虫害，使用
方便简洁，投资小好保
存，易管理好剥蜂茧。对
于使用特殊材料制作具有
专利技术的塑料巢管，由
于塑料巢管透光率高，壁
蜂筑巢产卵时怕光，先用
报纸把巢管裹起来，再用

图6-4 涂 色

图6-5 卷制纸管

图6-6 做好备用的巢管

湿泥将巢管一头堵住晾干，再将巢管堵住口的一头朝里放入蜂箱，开口朝外尽量靠内。

（2）巢箱的放置 放蜂前将巢箱设置在果园背风向阳处，巢前开阔，无遮蔽，巢后设挡风障。巢箱用木架支撑，巢箱口朝南或朝西，距地面40～50厘米，分东西南北间距25厘米，均匀设置，箱上设棚防雨。巢箱可用砖、水泥砌成永久性的（图6-7至图6-9），体积24厘米×19厘米×19厘米，也可用木、纸箱子等，每箱放6～8捆巢管，管口朝外，两层之间放一硬纸板隔开。为避免淋雨，用塑料布盖顶。巢管上放蜂茧盒(药用的小包装盒即可)露出2～3厘米，盒内放蜂茧60～100头，盒外口扎2～3个黄豆粒大小孔，以便于出蜂。放蜂期间，一般不要移动蜂箱及巢管，以免影响壁蜂授粉繁蜂。

（3）设置取土坑 壁蜂在授粉的同时，产卵繁

图6-7　搬运巢箱

图6-8　设置巢箱底座

图6-9　设置好的巢箱

殖后需用湿土封巢管，应在蜂箱附近挖一深50厘米、直径30～40厘米的土坑（图6-10），坑内每天浇水保持湿润。沙地果园，坑底最好放些黏土。

图6-10　设置取土坑

图6-11　壁蜂盛花期授粉

2. 放蜂技术

（1）放蜂时间　一般于中心花开放前4～5天进园释放（图6-11）。蜂茧放在田间后，壁蜂咬破茧壳陆续出巢，7～10天才能出齐。如果提前将蜂茧由低温贮存条件下取出，温室下放置2～3天后再释放到田间，可缩短壁蜂出茧时间。切忌待需授粉的果树开花后再放出蜂茧，这样，壁蜂出齐后，已错过花盛期，不能充分发挥授粉作用，也减少壁蜂的繁殖系数。若壁蜂已经破茧，注意要在傍晚释放壁蜂，以减少壁蜂的遗失。

（2）放蜂方法　一般采用多茧释放法，蜂茧可以放在一个宽扁的小纸盒内（图6-12），盒四周戳有多个直径0.7厘米的孔洞供蜂爬出。盒内平摊一层蜂茧，不可过满过挤，纸盒放在蜂巢内（图6-13）；也

图6-12　放蜂茧

图6-13　放好蜂茧和蜂管的巢箱

可把蜂茧放在5～6厘米长，两头开口的苇管或纸管内，每管放1个蜂茧，与蜂管一起放在蜂巢内。后一种方法壁蜂归巢率高。

（3）放蜂数量　放蜂量必须根据果园面积和历年结果状况而定，盛果期果园每667米²放蜂量按200～300头准备，初果期的幼龄果园及结果小年，放150～200头蜂茧。放蜂目的是提高坐果率，历年坐果率较高的果园或结果大年果园，每667米²放200头蜂茧，主要是提高果品质量。

（4）放蜂期蜂巢的管理　一是放蜂期间不能移动蜂箱及巢管；二是防止雨淋；三是预防天敌为害：要注意预防蚂蚁、蜘蛛、蜥蜴、鸟类、寄生蜂、皮蠹和蜂螨的为害。蚂蚁可用毒饵诱杀，毒饵配方是花生饼或麦麸250克炒香，猪油渣100克，糖100克，敌百虫25克，加水少许，均匀混合。每一蜂巢旁施毒饵约20克，上盖碎瓦块防止雨水淋湿和壁蜂接触，而蚂蚁可通过缝隙搬运毒饵而中毒死亡。对木棍支架的蜂巢，可在支架上涂废机油，防止蚂蚁爬到蜂巢内为害花粉团、卵和幼蜂。捕食壁蜂的天敌如狼蛛跳蚁、豹蛛、蜥蜴等和寄生性天敌如尖腹蜂等，应注意人工捕拿清除，对鸟类危害较重地区，蜂巢前可设防鸟网。预防蜂螨和皮蠹，应注意旧蜂管的杀虫杀螨处理，尽量选用新的蜂管和蜂巢，旧蜂管可放在蒸笼里蒸半小时，晾干后再用。

3.蜂种的回收与贮存　成蜂活动结束后，于5月底6月初从田间取回巢管，把壁蜂营巢封口或半管的巢管挑出，50支一捆，放入纱布袋内，放在恒温库（图6-14）或挂在通风、干燥、清洁、不生火的空房内存放（图6-15），注意防鼠。切勿放在堆有粮食等杂物的房内，

图6-14　蜂种在恒温库贮存

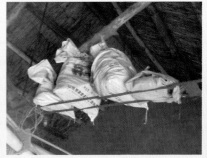

图6-15　蜂种在房内贮存

以防谷盗、粉螨和鳞翅目幼虫的为害。第二年1月中下旬气温回升前，将苇管剖开，取出蜂茧，剔除寄生蜂茧和病残茧后，装入干净的罐头瓶中，每瓶500～1 000头，用纱布罩口，在0～5℃下冷藏备用。

4．配套管理技术

（1）补充花源要及时　壁蜂在田间活动寿命约40天，其访花效率以出蜂5～7天后最高。为了提高其访花效率，延长其采粉时间，提高繁殖系数，可在巢箱附近提前栽种的白菜、萝卜等补充花源植物（图6-16），使之先于果树开花，以供提前释放的壁蜂采粉采蜜补充营养。

图6-16　补充花源植物

（2）放蜂前后不喷药　花前使用剧毒或有忌避作用的农药，壁蜂大部分被毒死或驱赶，使放蜂归于失败。在自然界，果树开花期间还有蜂、蝇、蝶、蛾等其他各种访花昆虫，为了保护它们，提高坐果率，不论是否放蜂，都应提倡从开花前7～10天到谢花，尽量不喷施农药。

（3）水源条件要充足　壁蜂每做一个花粉团并产卵后都要用泥封堵。巢箱旁的水泥坑面积应尽量大些，及时添加水，使之保持湿润状态。这样壁蜂采泥方便，产卵后封堵需时短，访花效率高，蜂繁殖系数也大。

（二）人工授粉

苹果花期短，若在花期遇到阴雨、低温、大风及干热风等不良天气，会严重影响授粉受精。实践证明，即使在良好的条件下，人工授粉也可以明显提高坐果率和果实品质。因此，即使有足够的授粉树，也要进行人工授粉工作（图6-17），具体技术同常规果园。

图6-17　人工授粉

二、合理负载

根据立地条件、树龄、树势、品种特性和枝条类型来确定合理留果量，即要进行疏花疏果，在疏除时期上，提倡早些，疏除程度上，要掌握严些。早疏有利于节约营养，减少消耗，时间越早，果个越大。

（一）疏花

疏花就是按照留果标准，从花芽膨大期开始，选留粗壮花芽、花序，把多余的花芽、花序全部去掉，疏花可在花序露出时开始每15～20厘米选留一健壮花序（图6-18），其余疏除。铃铛花时再疏边花，只留中心花。

图6-18　疏花后留的健壮花序

（二）疏果

疏果（图6-19、图6-20）要在谢花后7天开始，20天之内结束。要按果实间距25厘米左右进行留果，选留中心果、单果、壮枝果、下垂果、健康果、均匀果。根据调查，果实在枝条上的分布：0～1.0米处着果占总果数比率5.5%，1.1～2.0米处着果占总果数比率52.3%，2.1～3.0米处的比率为37.1%，3米以外的比率为4.9%，因此在2～3年生枝段上一般不留果。要扩大有效叶面积，增大叶果比，红富士、乔纳金、新红星等大型果要求叶果比达到60～80：1，枝果比6～8：1。一般来讲，盛果期果园的667米^{2}产量应控制在2 000千克左右。也可采用有效叶面积留果法（无光合效率的叶片除外），即有效叶片总面积与留果数量之比，一般以700厘米^{2}左右留1个果；或干周断面面积留果法，大型果2.5～3个/厘米^2；小型果3～4个/厘米^2。

疏果原则是，首先疏去病虫果、畸形果及弱果枝上果，具体操作时应据枝势和果实密度分别处理。枝势强壮的枝多留，衰弱的枝少留；果实密度大的枝多疏，密度小的少疏；多留树冠内的果，少留或不留梢头果；留果台副梢壮的果，不留果台副梢弱或没有果台副梢的果；多留中长果枝上的下垂果，少留或不留短枝上的直立果。

图6-19　疏果前

图6-20　疏果后

三、摘叶、转果和垫果、铺反光膜

（一）摘叶

摘叶就是在采收前一段时间，把树冠中那些遮挡果面、影响果实着色的叶片摘除，以增加全树通光量，避免果实局部绿斑，促进果实均匀着色。大多数苹果品种的适宜摘叶期为采前18～30天，即在果实快速着色期进行，但因品种及叶片部位不同而摘叶期有别。阳光、新世界、红乔纳金及元帅系等中晚熟品种果面容易着色，在采前18～25天摘叶，即能完全消除果面绿斑，而富士等晚熟品种果实着色相对缓慢，宜在采前25～30天摘叶。树冠中下部和内膛在第一期摘叶，树冠上部则在最后一期摘叶。

采前摘叶方法包括全叶摘除、半叶剪除及转叶。全叶摘除就是将那些遮挡果面的叶片从叶柄处摘下，是采前摘叶中最常用的方法。摘全叶时用手指甲将叶柄掐断即可，不要从叶柄基部扳下叶片，以免损伤母枝的芽体。摘叶时尽量先摘遮光的薄叶、黄叶、小叶等功能低下的叶片，后摘影响果实光照的叶柄无红色的叶和秋梢上的叶。半叶剪除就是剪掉直接遮挡果面的前半叶，以保留后半片叶的部分光合功能。短枝型品种的果园，半叶剪除最为常见。转叶就是在采前将直接遮挡果面的叶片扭转到果实侧面或背面，使其不再遮挡果面。

一般来说，采前摘叶量愈大，果实着色愈好，但同时对树体有机营养的产生和积累的负效应也愈大，因此，摘叶量要适度，并且分期摘除，一次摘叶不要过多，以免果面产生日烧。摘叶量应根据树体、营养水平、土壤肥力状况及果实负载量等因子来确定。根据有关试验结果，新红星等元帅系苹果的适宜摘叶量为叶片总量的10%～11%，红富士为15%～16%。日本为了使果面充分着色，果园采前摘叶量往往高达20%。像红富士，树冠上部的摘叶量为20%左右，而树冠下部则超过30%。日本果园土壤肥力高，留果量偏低，因此加大采前摘叶量是可以理解的。而我国目前果园条件及管理水平不及国外，因而采前摘叶量不宜过大。

摘叶是用剪子将叶片剪除，仅留叶柄，主要是摘除影响果实受光的叶片，以促进果实着色，提高商品价值。摘叶主要应掌握好摘叶时期和摘叶程度，通过进行的红富士和乔纳金不同摘叶量对果实品质的影响来看，摘叶程度为50%时，对苹果果实的发育尚未显示出不良影响，但为避免影响花芽质量和降低日烧的发生，摘叶量宜掌握在30%左右。

摘叶时一般分两次进行，第一次在9月上旬，仅摘除直接影响果面的叶片，第二次在10月上旬，大量摘除应摘叶片，以摘除果台基部叶片为主，也可适当摘除果实附近新梢基部到中部的叶片，以增加果实直接受光程度，有效增进着色。摘叶时，先摘黄叶、小叶、落叶，后摘秋梢叶。

摘叶不得过早，否则会降低产量，影响翌年花芽量。另外，摘叶前应先疏除背上直立枝、内膛徒长枝和延长头的竞争枝，并且摘叶时须保留叶柄。

（二）转果和垫果

转果（图6-21）的目的是使果实的阴面也能获得阳光直射而使果面全面着色，试验证明，转果可使果实着色指数平均增20%左右，转果时期在除袋15天左右进行（即阳面上足色后），用改变枝条位置和果实方向的方法，将果实阴面转向阳面（为防止果实再转回原位，可

图6-21　转　果

用透明白胶带将果固定）使之充分受光，果面易成红色，转果根据情况进行2～3次。转果时间掌握在10：00前和16：00后进行，以防发生日烧病。

垫果（图6-22、图6-23）主要是为了防止果面除袋后出现枝叶磨伤，利用除下来的纸袋或海绵薄垫，将果面靠近树枝的部位垫好，这样可防止刮风造成的果面磨伤，影响果品外观质量。

图6-22　垫果1　　　　　　　　　图6-23　垫果2

（三）铺反光膜

果园铺设反光膜既可以调节果园小气候，又可促进果实着色增糖，在果树生产中有较高的实用价值，已在全国各主要果区得到广大推广应用。

反光膜的选择：果园应用的反光膜宜选用反光性能好，防潮、防氧化、抗拉力强的复合性塑料镀铝薄膜，一般可选用由聚丙烯、聚酯铝箔、聚乙烯等材料制成的薄膜。这类薄膜的反光率一般可达60%～70%，使用效果比较好。价格上反光膜比一般普通农用地膜高3～4倍，可连续使用3～5年。

铺膜时间：在苹果成熟前，沿果园树行间铺反光膜。套袋果园一般在除果袋3～5天后进行，没有套袋的果园宜在采收前30～40天进行，早熟品种要适当提前。

铺膜前的准备：铺膜前几天应做适当的准备工作。乔化果园可在铺膜前清除树行杂草，用耙子将地整平，有条件的果园还可以将地整成行内高外低的小坡，以防积水影响使用效果。套袋果园在铺膜前要先除袋，并进行适当的摘叶。为了保证膜的效果，还可修剪、回缩树冠下部拖地裙枝，疏除树冠内遮光较重的长枝，以使更多的阳光投射到反光膜上。

铺膜方法：顺树行铺，铺在树冠两侧，反光膜的外边与树冠的外缘齐（图6-24）。铺设时将成卷的反光膜放于果园的一端，然后倒退着将膜慢慢滚动展开，边展开边用石头、砖块或绳子压膜，也可将撑枝用的树棍抬起压在膜上。压膜不宜用土，以防将反光面弄脏影响反光效果。压膜应注意不要将膜刺破。

图6-24 铺设反光膜

铺膜后的管理：铺膜后注意经常检查，遇到刮风下雨时应及时将被风刮起的膜重新整平，将膜上的泥土、落叶及积水及时清扫干净，保证使用效果。采果前将反光膜收拾干净，卷起妥善保存，注意爱护和保管，以便以后再用。

注意事项：由于铺设反光膜的成本较高，在铺设时应注意选择果园。对生产高档外贸出口的果园比较合适（图6-25、图6-26），而对综合管理差、果品随行就市出售的果园则收益不大。铺设时，应注意与果实套袋、摘叶、转果等其他管理技术结合起来，以增加全红果，生产出高品质的苹果。

图6-25　铺设反光膜果园1　　　　　图6-26　铺设反光膜果园2

四、采收和采后处理

为了提高套袋果的成功率，多生产高档出口果品，要根据果实的着色情况适期、分批采收；采收后要采取商品化处理，进一步提高套袋果的商品价值。

（一）采收时期

采收期的确定，首先根据市场需求及销售价格。有时在果实成熟前，大量客商为抢占市场提前到产地收购果品。在这种情况下，根据上年市场分析和当年行情预测，觉得合算，就应抢时采收销售；有时客商要求果实完全成熟时收购，这就需根据签订的合同要求，适当晚采（图6-27、图6-28）。

图6-27　适宜采收果实

图6-28　适宜采收果树

（二）采收方法

目前，不论是发达国家还是发展中国家，鲜食果品仍是手工采摘。采摘时必须使用采摘筐等专用工具，将采下的苹果装入周转箱，运往分级包装场地。采摘的顺序是先上后下，由外而内。采摘的时间以气温较低的早晨较好。采收过程中要轻拿轻放，防止机械损伤。为提高优质果率，最好采取分期采收，即对果园的果实采收分2～3次进行。首次主要采收树冠外围、上部果个大、着色好的果实；1周后再采摘树冠内膛、中下部的着色较好的果实。分期采摘时，要注意不要碰伤或碰掉留在树上的果实。由于套袋果果皮较薄嫩，在采收搬运过程中，尽量减轻碰、压、刺、划伤。

（三）采后商品化处理

经济发达国家对农产品不但有一系列完整的质量要求，而且非常重视产后处理，把果品的采后商品化处理（图6-29至图6-31）、贮藏（图6-32）、加工、包装（图6-33、图6-34）等产后产业放在农业的首要位置，如美国农业总投入的70%用于采后。发达国家苹果的采后处理已全部实现机械化。世界主要苹果出口国对苹果采收时期、分级标准、包装规格等采后环节的技术问题都进行系统研究，制订有与国际标准接轨的质量分级标准和方法，实现了果品生产规格的标准化。发达国家已全面实行气调冷藏，并通过冷链系统运销，实现了鲜果的季产年销，周年供应。

图6-29　采后商品化处理（洗果）

图6-30　采后商品化处理（洗果打蜡）

图6-31　采后商品化处理（分级）

图6-33　果品包装

图6-32　果品贮藏

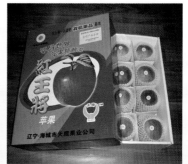

图6-34　苹果包装礼盒

五、艺术苹果生产

艺术苹果是指一些带有美丽动人图案或喜庆吉祥文字的红色苹果（图6-35至图6-40），这类苹果附加了果业文化韵味，拓展了苹果销路，增强了市场竞争力，备受消费者青睐和好评，经济效益也成倍增长。

（一）字贴的选择

选用一面带胶，一面不带胶的两层纸合成的进口或国产的"即时

图6-35 艺术字苹果1

图6-36 艺术字苹果2

图6-37 艺术字苹果3

图6-38 艺术字苹果4

图6-39 艺术图案苹果

图6-40 为展会准备的艺术苹果

贴"纸,在"即时贴"上用正楷或艺术字写上"福、禄、寿、禧、吉祥如意、生日快乐、心想事成"等吉祥语或画上生肖图,1字1贴也可,4字1贴也可,一般4字组合者宜用4字1贴,便于带字果的装箱、配对。一般每贴大小为4厘米×6厘米。

（二）果实的选择

宜选择大果型、品质优良的红色品种，如元帅系品种、红富士系品种等。在树势健壮、光照良好的红色品种树上，选着生部位好、果形端正、除袋后果面光洁的大果，注意选果应相对集中，以利贴字图和采收。

（三）贴字时间及方法

一般套袋果边取内袋边贴字效果较好。在贴字时将需贴字的果面灰尘擦干净后再贴，字贴最好贴于向阳果面的臀部。贴字时，揭下"即时贴"，一手抓果，一手贴字，将"即时贴"平展地贴于果面，尽量减少"即时贴"皱折而影响贴字效果，同时要求"即时贴"均匀地粘在果面上，不可有空隙，否则贴字效果不好，而且"即时贴"易脱落。操作过程要轻拿轻放，以防碰落果实。

（四）贴字后的管理

贴字后，适当摘除果实周围5～10厘米范围枝梢基部的遮光叶，增加果面受光；当向阳面着色鲜艳时转果，转果时捏住果柄基部，右手握着果实，将阴面转到阳面，使其着色。

（五）适期采收包装

当去袋后的贴字果整果着色均匀且鲜艳后，即可采摘。贴字果采收后，揭去果面的贴字，擦净果面，根据不同的字迹，分别按字组配对、贴标签、套网套、装箱，并做好标记（图6-41）。

图6-41　艺术苹果包装

第七章

无害化病虫综合防治技术

苹果套袋虽然能够大大降低病虫害的发生，但是为了确保果实的正常生长，仍须加强病虫害防治，保护好枝干和叶片，保证树体生长健壮，营养充足。另外，要重视对某些因套袋而发生或加重的病虫害的防治，否则会直接影响果实的生长发育，降低套袋效果，甚至造成严重损失。

一、有袋栽培主要病虫害的综合防治

（一）预测预报

首先要做好病虫害的预测预报（图7-1），方法同常规果园。

图7-1 病虫害预测预报

（二）综合防治

套袋果园病虫害的防治，坚持"预防为主，综合防治"的植保方针，从周年栽培管理整体技术入手，以预防为主，采用农业、人工、化学、生物、物理等各项配套措施，相互协调、综合运用，发挥天敌的积极作用，经济有效地将病虫害控制在经济允许水平以下，并将农业生态系统的有害副作用降低到最低程度。各地因地理环境、管理水平等的差异，病虫害发生的种类、时期、虫口密度等不尽相同，即使在同一地区，不同园片病虫发生情况也不完全一样。因此，要经常总结本地主要病虫害的发生动态和防治方法，因地制宜地制订切实可行的病虫综合防治措施。为此，必须做好以下几个方面的工作。

一是合理规划布局，栽植适宜的苹果品种，避免多种果树混栽，果园防风林应注意选择适当的树种。严格检疫，防止新的病虫传入，创造良好的农业生态体系，充分体现预防为主的方针，这是防治的先决条件。

二是加强栽培管理，为果树生长发育创造良好的环境条件，增强树势，控制负载，提高树体抵抗病虫害的能力。

三是加强人工防治措施，其中尤以果树落叶后到翌年果树发芽前，为人工防治病虫的好时机。此期扫除落叶、刮除树干粗皮、剪除病虫枝集中烧毁，降低病虫越冬基数；从健株上采取接穗，及时治蚜，是防止病毒病害传播的重要措施。苹果生长季节亦可进行人工防治，如人工挖筛越冬虫茧，剪除白粉病梢，摘除卷叶包叶及病果，进行夏季修剪，及时中耕除草，排除园中积水，改善果园通风透光条件，降低果园空气湿度，创造适宜果树生长而不利于病虫发生为害的环境等。

四是最大限度地采取非化学防治的技术措施。如诱杀成虫等项技术，保护利用或饲养释放天敌，发挥果园生态系统自控作用。

五是合理用药。尽量因地制宜使用生物农药或生物制剂；选择高效低毒、无残留或低残留的化学农药，少用或不用高毒广谱杀虫剂，选专用杀虫杀螨剂型农药。加强病虫测报，选择防治病虫的最佳时机，按照经济阈值施药；做到控制危害，讲究喷药质量，以最大限度地发挥药剂作用。减少喷药次数，给天敌繁殖创造良好的环境条件。合理组合农药，认真研究农药混用和交替使用，充分发挥各药剂的特点，达到最佳混配、最佳浓度，做到扬长避短。

（三）主要防治方法

1. 农业防治　农业防治是利用农业栽培管理技术措施，有目的改变某些环境因素，避免或减少病虫的发生，达到保产保质的要求。农业防治的本身就是农业措施中的一项内容，它是病虫防治的基础。优良的农业技术不仅能保证果树对生长发育所要求的适宜条件，同时还可以创造和经常保持足以抑制病虫大发生的条件，使病虫的为害降低到最低程度，选择无病虫苗木是一项重要措施。果树定植前，首先要进行地下害虫的调查，冬季深翻改土或刨树盘，可以大量杀死在土中过冬的害虫。消除病株残余，砍除转主寄主，摘除病僵果，刮除翘皮，清扫落叶等可及时消灭和减少初侵染及再侵染的病菌来源。加强肥水管理，合理修剪，可以调整果树的营养状况，增强树体的抗病虫害能力。选育、利用抗病虫的品种，在一定程度上可达到防治某些病虫的目的。建园时考虑到树种与害虫的食性关系，避免相同食料的树种混栽，如避免苹果和梨、桃、李等树种混栽，可减少某些食心虫的发生。

2. 物理防治　主要是根据病虫害的生物学习性和生态学原理，如利用害虫对光、色、味等的反应来消灭害虫。在这方面用得较多的是杀虫灯（图7-2）、太阳能灭虫器（图7-3）、粘虫板（图7-4）、糖醋液（图7-5）、烂果汁等诱测或诱杀成虫；在树干上绑诱虫带（图7-6）或草圈诱集越冬害虫；在树干上绑塑料薄膜或涂药环阻杀害虫等。

3. 生物防治　生物防治是利用某些生物或生物的代谢产物以防治病虫的方法。生物防治可以改变生物种群组织成分，且能直接消灭病虫。生物防治的优点是对人畜、植物安全，没有污染，不会引起病虫的再猖獗和形成抗性，对一些病虫的发生有长期的抑制作用。可以说生物防治是综合防治的一个重要内容，但是，生物防治还不能代替其他防治措施，也有它的局限性，必须与其他防治措施有机地配合，才能收到应用的效果。利用生物防治害虫（图7-7至图7-9），主要有以虫治虫、以菌治虫、激素应用、遗传不育及其他有益动物的利用5个方面；防治病害中有可能利用的有寄生作用、交叉保护作用及各种抗菌素等。

图7-2　果园杀虫灯

图7-4　果园挂粘虫板

图7-3　太阳能灭虫器

图7-5　悬挂糖醋液

图7-6　树干绑诱虫带

图7-7 果园挂害虫诱捕系统

图7-8 果树释放捕食螨

图7-9 复合交信搅乱迷向剂

4.化学防治 套袋前1～2天全园喷一遍杀菌剂和杀虫剂，以有效地防治烂果病、棉铃虫、蚜螨类等病虫的为害；药剂包括喷克600倍液、70%甲基托布津800倍液、宝丽安1 500倍液、棉神1号、高渗灭杀净等，不要用有机磷和波尔多液，防止果锈产生；结合喷药（或单喷）连续喷2～3次钙肥（氨基酸钙、富力钙、氨钙宝等），防治苦痘病和水心病。果实袋内生长期应照常喷洒具有保护叶和保果作用的杀菌剂，以防菌随雨水进入袋内为害。除袋后喷一次喷克（600倍）、甲基托布津（25%，800倍）等内吸杀菌剂，防治果实内潜伏病菌引发的轮纹烂果病，同时喷1～2次有增色作用的药肥，如300倍的磷酸二氢钾，800倍的施康露、农家旺等，以增色防病（图7-10、图7-11）。

图7-10　果园机械喷药

图7-11　果园人工喷药

二、常见套袋果病虫害及防治

苹果套袋后避免了果实与外界的直接接触，有效减轻侵染性果实病害和虫害的发生，如果实轮纹病、炭疽病、黑星病、腐烂病、桃小食心虫和苹小卷叶蛾等，果实套袋后，果袋阻隔了果面与外界的接触，病菌和害虫侵入的机会大大降低。据在梨小食心虫发生严重的果园试验，在6月下旬套袋，套袋果虫果率为4.47%，未套袋果虫果率为82.5%。但苹果套袋后苯丙氨酸解氨酶（PAI）、过氧化物酶（PPO）、超氧化物歧化酶（SOD）等木质素、蜡质、角质等合成酶的活性受到抑制，果实抗病性下降，加之果实处于一个特殊的微域环境，袋内的高温、高湿诱发了一些潜在病虫害的发生，加重了斑点病（黑点、红点）、苦痘病、痘斑病、锈果病等病害和康氏粉蚧、玉米象、中国梨木虱等虫害的发生。

（一）日烧病

普遍认为套袋苹果发生日烧（图7-12、图7-13）有内部和外部两方面的原因。内部原因是，苹果套袋后，果实内的干物质含量降低，含水量相对增多，果皮蜡质层变薄，强烈光照使果温升高，蒸腾速率

图7-12　套袋果实日烧病1

图7-13　套袋果实日烧病2

加强，导致果皮失水出现日烧。外部原因包括以下几个方面，一是通过苹果果实日烧人工诱导技术及阈值温度研究后得出结论，日烧的发生不完全取决于果面温度，强烈的日照对诱导日烧也有重要因素，果实发生日烧的气象指标为，日照强度大于700瓦/米^2，空气相对湿度小于26%，气温高于30℃，风速小于1.3米/秒；二是日烧的发生与所选的育果袋及套袋和除袋时间关系密切，套塑膜袋果实日烧率大于套纸袋，单层袋日烧率大于双层袋，外黄单层袋比外花单层袋日烧率高，外灰内黑比外灰内红的双层袋日烧率高，而双层优质纸袋与对照果的日烧率基本相同；三是不同的果树品种抗日烧阈值温度不同，几个不同品种抗日烧能力依次为，凯蜜欧＜金冠＜红富士＜澳洲青苹＜新红星＜嘎拉＜乔纳金＜粉红女士＜布瑞波恩；四是果树的生长势强弱与结果部位的不同，发生日烧的程度不同，结果部位与发生日烧

的关系为，树冠外围日烧率大于树冠内膛，树冠南部和西部日烧率大于树冠北部和东部；生长势弱的树体果实日烧率大于生长势强的树体；五是不同果袋日烧不一样，劣质果袋遮光、透气性差，温湿度稳定性差，易引起日烧；另外，各种果袋以黑色袋日烧最重，涂蜡袋其次，双层袋和黄色袋较轻；有研究认为用塑膜袋日烧现象轻，因为塑料膜袋内长期保持水珠，盛夏时袋内温度并非想象那么高。

为避免日烧病的严重发生，建议一是选用适宜的果袋种类；二是掌握好套除袋时间及套除袋部位；三是加强果园及树体管理，预防措施主要包括在特殊的干旱年份，红富士苹果的套袋时期可推迟至7月上旬，以避开初夏高温；套袋前后果园各浇一遍水，以保持墒情，提高果实微域环境湿度，减轻日烧发生率；加强肥水管理，促进树体生长势；背上枝裸露果实避免套袋；在干旱年份不用蜡层厚纸袋等。

（二）苹果红点病和黑点病

苹果套袋后，部分品种出现不同程度的红点病（图7-14）和黑点病（图7-15、图7-16），其中在红富士品种上较为常见。

图7-14　套袋果红点病

图7-15　套袋果黑点病（采收前）　　图7-16　套袋果黑点病（采收后）

苹果红点病被认为是由斑点落叶病造成的，套袋苹果得红点病的主要原因是谢花后至果实套袋前，苹果斑点落叶病没有防治好。据调查，对此病没有防好的原因一是相当一部分果农对富士苹果有错误的认识，认为富士苹果抗斑点落叶病；而实质上，富士苹果叶片较抗斑点落叶病；而果实不抗斑点落叶病，果实上一旦感染此病，即出现小红点，也有些果农称其为"鸡眼点""水烂点"等。这些带红点的果实在常温下贮藏一个月或两个月也不烂，而一旦再复合侵染上轮纹病菌或炭疽病菌，果实就腐烂较快。二是在果实套袋之前喷药不合适。对套袋苹果红点病应抓好苹果斑点落叶病的防治，斑点落叶病在病叶和树体枝芽处越冬，要在休眠期彻底清扫残枝落叶，在树体萌芽前喷铲除剂时，选择能防治斑点病的药剂或在其他药剂中混加一些防治斑点落叶病的药剂，于萌芽前喷施；其次，要在谢花后至套袋前应用的3～4遍杀菌剂中，须选择能防治或兼治斑点落叶病的药剂喷施3～4遍。

苹果黑点病主要发生在果实的萼洼、梗洼处，调查研究表明，造成果实黑点病的主要原因：一是果实感染粉红聚端孢霉菌所致，二是由于康氏粉蚧为害造成。对于果实初染粉红聚端孢霉菌时，出现针尖大的小黑点，后逐渐变大。在防治上，选择防治斑点落叶病的药剂即可。对康氏粉蚧的防治，应抓好谢花后至套袋前的两遍药剂和套袋后的一遍药剂的防治，连续3遍药剂即可控制为害，应选择兼防性药剂，可以降低费用，提高防效，生产中这样能相互兼治而且效果较好的药剂比较多，可灵活选用。

（三）苦痘病和痘斑病

苦痘病（图7-17、图7-18）、痘斑病（图7-19至图7-21）是由于苹果套袋后果面缺钙引起的成熟期和贮藏期常见的生理性病害，苦痘病症状为果面上以皮孔为中心出现圆斑，颜色比正常果面深，斑周围有深红或黄绿色晕圈；随后病斑表皮坏死，病部下陷，大小1～3毫米不等；坏死的皮下果肉变褐色干缩，有苦味，不能食用；贮藏期间，病果易被杂菌侵染而腐烂。痘斑病症状为以皮孔为中心出现小斑点，果皮变褐色，周围有紫红色晕圈，直径约0.5厘米，以后皮孔附近果

图7-17　套袋苹果苦痘病（采收前）

图7-18　套袋苹果苦痘病（采收后）

图7-19　套袋苹果痘斑病（除袋后）

图7-20　套袋苹果痘斑病（采收前）　　图7-21　套袋苹果痘斑病（采收后）

肉变褐下陷，呈海绵状；与苦痘病不同的是痘斑病果变褐坏死较浅，仅1毫米左右，无苦味，削皮后仍可食用；贮藏期间，病果易受杂菌感染而腐烂。

　　苹果套袋后，果面无法吸收活性钙而引发苦痘病、痘斑病。套袋苹果发生缺钙有两个临界期，一是花后4～5周是果实吸收钙的关键时期，果农常因套袋过早而错过果实吸收钙的最佳时机；二是果实迅速膨大期，果实中的钙增加相对较少，钙含量被稀释，浓度降低，果个越大越容易因缺钙引发苦痘病和痘斑病，因此完成这两个时期果面所需活性钙的补充，可减轻该病的发生。苹果套袋后不同品种间对钙反应有明显差异，金冠苹果对缺钙最敏感，病果率可达到20.8%，其次为国光，富士对缺钙反应较轻。氮、钾和镁元素含量过高会影响果实钙的吸收，果皮或果肉中的N/Ca、(K+Mg)/Ca的比值越大，发生苦痘病、痘斑病越严重；美国通过水培控制养分种类和供给量诱发苹果苦痘病的试验结果，再一次证明了N/Ca、(K+Mg)/Ca的比值是该病发生的关键；N/Ca=10时，果实不出现苦痘、痘斑病，当比值为20时果实开始发病，当比值达到30时果实严重发病；通过补充钙肥或于花后4～5周内对果面连续喷布两次400倍氨基酸钙能明显控制其发病率。

（四）皱裂

套袋苹果脱袋后易出现微裂皱皮现象（图7-22、图7-23），这种现象有两种情况：一是套袋果实在除袋时果实在袋内就发生了皱皮现象，一旦除袋则更加严重；二是除袋时尚无异常现象，等上色之后，很快发生微裂、皱皮、发软等不良现象。

图7-22　采收后果实皱裂状　　　　图7-23　除袋后果实皱裂状

研究表明，皱裂发生主要原因是，在苹果生长的前期、中期高温干旱严重，白天袋内温度有多日会超过50℃，一般维持在35～45℃，果实第一次膨大期短，果实停长早；加之袋内果实皮薄细嫩，在后期除袋后，如水分充足，果实二次膨大速度加快，这时果肉细胞分裂速度快，果皮细胞分裂慢，内外细胞分裂速度的差异，导致果实发生微裂。果实微裂后失水，又导致果实皱缩、发软。此外，果实缺钙也易出现这种现象。

该病可以采取以下防治措施，花后遇到高温干旱的天气，可间断地在傍晚（落日前后）向叶面喷水，直到叶面滴水为宜，此外，在喷水时向水中加入1%磷酸二氢钾或氨基酸钙效果更好。在第一、第二次果实膨大期喷施2%的氨基酸钙水溶液（傍晚喷效果好）。在二次果实膨大前期、中期各喷一次萘乙酸。套袋时尽量在下部、阴果面。要注意着色期摘叶、转果。

图7-24　康氏粉蚧在果实上的为害状　　　　图7-25　康氏粉蚧为害的果实

（五）康氏粉蚧

套袋苹果袋内环境趋暗、潮湿，为喜阴的康氏粉蚧等害虫创造了良好的栖息场所，因此，近年来康氏粉蚧（图7-24、图7-25）对套袋苹果的为害愈来愈重，受害果实商品率降低。康氏粉蚧在北方地区一年发生3代，第1代若虫孵化后，主要为害树体，第2～3代若虫孵化后，进入果袋为害果实，在萼洼、梗洼处形成黑斑；套袋果实平均被害率较不套袋苹果提高70%左右，虫量较不套袋苹果提高32.6%～67.6%，受害果常伴发"煤污病"。康氏粉蚧繁殖力的大小因发生时期和寄生部位不同而有所不同，寄生在果上的成虫产卵数多于寄生在叶片和主干上的产卵数，越冬代产卵较少；用聚集度指标研究康氏粉蚧幼虫的空间分布型，康氏粉蚧聚集分布在树冠内，以东西方向密度较大，聚集强度随种群密度的升高而增加。康氏粉蚧属刺吸式害虫，前期为害幼芽、嫩枝，后期为害果实并使果实呈畸形及果面有黏液，严重时连外袋都呈现油渍湿润状。目前对于康氏粉蚧防治效果显著的方法仍以农业防治措施和化学防治为主，根据其各世代发生规律，人为改变其生存环境或喷布化学药剂，对其在袋内为害有了一定的控制，使受害果率明显降低。

主要参考文献

蔡明，高文胜，陈军，等 . 2009. 不同纸袋处理对寒富苹果果实品质的影响 [J]. 北方园艺 (7): 22 - 25.

蔡明，高文胜，陈军，等 . 2009. 不同纸袋处理对红富士苹果果实钙组分含量的影响 [J]. 河北农业大学学报，32(3): 46 - 49.

陈军，高文胜，吕德国，等 . 2009. 套袋红富士苹果果皮发育进程研究 [J]. 果树学报，26(2): 217 - 221.

樊秀芳，刘旭峰，杨海，等 . 2003. 液膜果袋对苹果果实生长发育的影响 [J]. 果树学报，20(4): 328 - 330.

高文胜，蔡明，陈军，等 . 2009. 红富士苹果果实发育过程中不同纸袋处理对果实糖代谢的影响 [J]. 山东农业科学 (4): 49 - 51.

高文胜，刘凤之，蔡明，等 . 2008. 不同品牌双层纸袋对红富士苹果品质的影响 [J]. 落叶果树 (5): 19 - 21.

高文胜，吕德国，蔡明，等 . 2009. 苹果果实套袋后真菌种群结构变化研究 [J]. 果树学报，26(3): 271 - 274.

高文胜，吕德国，崔秀峰，等 . 2008. 苹果套袋关键技术研究 [J]. 中国果菜 (1): 38.

高文胜，吕德国，杜国栋，等 . 2007. 我国无公害果品生产与研究进展 [J]. 北方园艺 (5): 64 - 66.

高文胜，吕德国，孔庆信，等 . 2007. 不同套袋除袋时期对苹果质量影响 [J]. 北方园艺 (7): 32 - 33.

高文胜，吕德国，刘凤之，等 . 2009. 套袋对提高苹果安全卫生品质和产业体系的影响 [J]. 山西果树 (3): 40 - 41.

高文胜，吕德国，于翠，等 . 2007. 套袋苹果微域环境下微生物种群结构研究 [J]. 果树学报，24(6): 830 - 832.

高文胜，吕德国 . 2010 苹果有袋栽培基础 [M]. 北京：中国农业出版社 .

高文胜，杨庆斌，孔庆信，等 . 2007. 促进套袋红富士苹果着色的措施 [J]. 落叶果树 (5): 25.

高文胜. 1999. 苹果套袋方法与配套技术措施[J]. 农业科技通讯(7): 16.

高文胜. 2005. 无公害苹果高效生产技术[M]. 北京: 中国农业大学出版社.

韩明玉, 李丙智, 范崇辉. 2004. 水果套袋理论与实践[M]. 西安: 陕西科学技术出版社.

李丙智, 张林森. 2002. 苹果、梨、葡萄无公害套袋栽培技术[M]. 西安: 陕西科学技术出版社.

李祥, 陈合, 张建华, 等. 2006. 套袋与苹果果实中Pb、Cd、Cr含量关系的研究[J]. 西北农业学报, 14(6): 161‑163.

刘建海, 李丙智. 2003. 套袋对红富士苹果果实和农药残留的影响[J]. 西北农林科技大学学报, 38(3): 67‑69.

吕德国, 陈军, 高文胜, 等. 2009. 套袋苹果不同纸袋内不同时期真菌种群结构研究[J]. 沈阳农业大学学报, 40(1): 80‑83.

农业部种植业管理司. 2007. 中国苹果产业发展报告(1995—2005)[R]. 北京：中国农业出版社.

王少敏, 高华君. 2002. 果树套袋关键技术图谱[M]. 济南: 山东科学技术出版社.

张上隆, 陈昆松. 2007. 果实品质形成与调控的分子机理[M]. 北京: 中国农业出版社.

KATAMI T, NAKAMURA M, YASUHARA A, et al. 2000. Migration of organophosphorus insecticides cyanophos and prothiofos residues from impregnated paper bags to Japanese apple pears[J]. Journal of Agricultural and Food Chemistry, 48(6): 2499‑2501.

ODANAKA S, BENNETT A B, KANAYAMA Y. 2002. Distinct physiological roles of fructokinase isozymes revealed by gene‑specific suppression of *Frk1* and *Frk2* expression in tomato[J]. Plant Physiol, 129 (3): 1119‑1126.

PERYEA F J. 2001. Heavy metal contamination in deciduous tree fruit orchards: implications for mineral nutrient management[J]. Acta Horticulturae, 564: 31‑39.

WANG H Q, OSAMU A, YOSHIE M. 2000. Influence of maturity and bagging on the relationship between anthocyanin accumulation and phenylalanine ammonia‑lyase(PAL) activity in 'Jonathan' apples[J]. Postharvest Biology and Technology, 19: 123‑128.

图书在版编目（CIP）数据

苹果有袋栽培关键技术集成 / 迟斌，高文胜主编
. — 北京：中国农业出版社，2011.12
ISBN 978-7-109-16259-4

Ⅰ.①苹…　Ⅱ.①迟…　②高…　Ⅲ.①苹果－果树园
艺　Ⅳ.①S661.1

中国版本图书馆CIP数据核字（2011）第231888号

中国农业出版社出版
（北京市朝阳区农展馆北路2号）
（邮政编码 100125）
策划编辑　舒　薇　贺志清
文字编辑　郭　科

北京通州皇家印刷厂印刷　　新华书店北京发行所发行
2013年8月第1版　　2013年8月北京第1次印刷

开本：889mm×1194mm　1/32　　印张：4.25
字数：118千字
定价：30.00元
（凡本版图书出现印刷、装订错误，请向出版社发行部调换）